庞加莱猜想

追寻宇宙的形状

[日] 春日真人 著
武晓宇 译

Poincaré
Conjecture

Kasuga
Masahito

NEWSTAR PRESS
新星出版社

图书在版编目（CIP）数据

庞加莱猜想 : 追寻宇宙的形状 / (日) 春日真人著 ; 武晓宇译 .
-- 北京 : 新星出版社 , 2025. 8. -- ISBN 978-7-5133-6081-4

Ⅰ. O189-49

中国国家版本馆 CIP 数据核字第 2025KA9781 号

庞加莱猜想：追寻宇宙的形状

[日] 春日真人 著；武晓宇 译

责任编辑 汪 欣
责任印制 李珊珊
装帧设计 @broussaille 私制

出 版 人 马汝军
出版发行 新星出版社
（北京市西城区车公庄大街丙 3 号楼 8001　100044）
网　　址 www.newstarpress.com
法律顾问 北京市岳成律师事务所
印　　刷 北京天恒嘉业印刷有限公司
开　　本 910mm × 1230mm 1/32
印　　张 7
字　　数 143 千字
版　　次 2025 年 8 月第 1 版　　2025 年 8 月第 1 次印刷
书　　号 ISBN 978-7-5133-6081-4
定　　价 52.00 元

总机：010-88310888　　传真：010-65270449　　销售中心：010-88310811

前言　世纪难题与神秘数学家

用数学探索宇宙的形状

仰望星空时，每个人恐怕都有过如下疑问：

“这片星空的尽头是什么样的？宇宙究竟是什么形状的？”

2007 年的夏夜，在位于法国巴黎郊外的默东天文台（Meudon Observatory），许多家长带着孩子来此地用天文望远镜观测星空。当他们被问到“你认为宇宙是什么形状的”时，大家的回答各不相同。

“宇宙是无穷无尽的，所以根本没有形状。”这是一个 10 岁男孩的回答。

“我觉得宇宙是四四方方的，不然就没办法把星星摆放好。”另一个 7 岁的小女孩是这样想的。

“因为宇宙一直在膨胀，所以其形状大概像巨大的盘子那样吧。”一个 18 岁的小伙子这样说道。

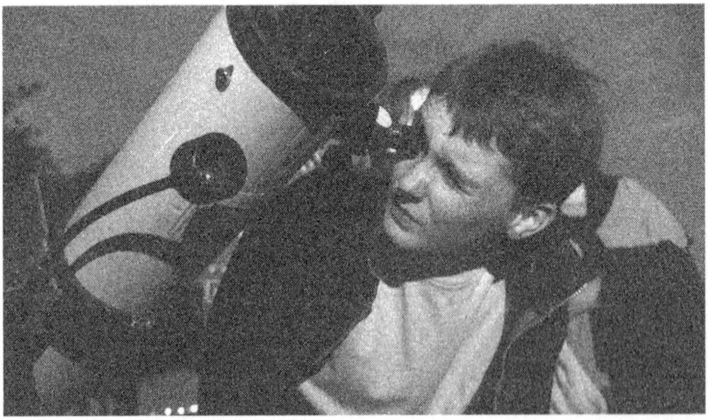

图 0-1 思考宇宙的形状

一位 30 岁的女士则对这个问题表示怀疑：“人类真的能知道宇宙的形状吗？如果能够知道，这倒是非常有趣。”

另一位 42 岁的男士则干脆说：“这个问题根本没有答案。因为宇宙的规模实在太大了，我们人类在宇宙面前如同沧海一粟。宇宙的尽头在何处，那里又是何种景致，我们无法找到答案。”

宇宙究竟是什么形状的？从古至今，这个谜题都不断撩动着人类的好奇心。在古印度人的宇宙观中，世界被一条巨大的衔尾蛇所环绕，盘曲的蛇身上是一只巨大的龟，龟背上的四头大象支持起大地，大地上的大象则支撑起天国。在古埃及人的宇宙起源说里，天空就是天空女神努特（Nut），月亮和星星都被悬挂在天空女神的身体上。在古希腊，主张“地心说”的托勒密则将宇宙的最外侧定义为名为“天球”的坚硬球体。

图 0-2　宇宙是什么形状的?

随着现代科学技术的发展，宇宙的许多谜题已经逐渐解开。但令人遗憾的是，宇宙形状的全貌至今仍无法确认。

不过就在最近，一个重要的数学难题被解开，而这个难题与宇宙的形状之谜关系密切。其名为“庞加莱猜想”，准确来说，它是一个如下描述的数学命题:“任一单连通的三维闭流形，都与三维球面同胚。”庞加莱猜想由法国数学家庞加莱于 1904 年提出，之后该猜想吸引了众多的数学家来挑战它。庞加莱猜想从诞生到被证明，时间跨度达一百年，是名副其实的“世纪难题”。正因如此，这一猜想被证明的消息，在世界范围内引发了极大的震动。

美国耶鲁大学的数学家布鲁斯·克莱纳 (Bruce Kleiner) 曾经这样感叹:“在过去的一百年里，庞加莱猜想是让众多数学家头疼不已的难题中的难题，所以大家最开始听到它被证明的消息时，都以为是开玩笑，根本不相信这件事。”

法国巴黎第十一大学（巴黎南大学）的瓦伦丁·波埃纳鲁（Valentin Poénaru）教授则如此形容自己的感受：“这就像一场噩梦。我甚至一直害怕这一天（庞加莱猜想被证明）的到来。”

2006 年，美国《科学》杂志将“庞加莱猜想的证明”评选为年度十大科学进展的第一名。

对于数学界来说，庞加莱猜想的证明确实是百年一遇的“重大事件”。不过，这个“重大事件”的后续发展却让人难以预料。

$$\pi_1(M)=0 \Rightarrow M \simeq S^3$$

图 0-3 庞加莱猜想的简化表达式

消失的天才数学家

2006年8月22日，在西班牙的马德里，国际数学联盟（International Mathematical Union，简称IMU）举办的菲尔兹奖颁奖典礼即将开始。典礼的颁奖嘉宾是当时的西班牙国王胡安·卡洛斯一世，会场中的来客则是活跃在世界数学研究第一线的4000余位数学家。

四年一度的菲尔兹奖，仅授予为数学领域做出卓越功绩的少量数学家，是数学界的最高荣誉。因获奖人数稀少，菲尔兹奖也被认为是比诺贝尔奖更具权威性的奖项。

这一年，大家都认为本届菲尔兹奖会授予那位证明了庞加莱猜想的数学家。

当时任国际数学联盟主席的约翰·鲍尔（John Ball，牛津大学教授）出现在颁奖台上，准备宣布获奖者姓名时，热烈的掌声便已从观众席上绵延而至。鲍尔教授在颁奖台上等了一会儿，待掌声平息之后说道："本届菲尔兹奖，授予来自俄罗斯圣彼得堡的格里戈里·佩雷尔曼博士！"与此同时，颁奖台的屏幕上出现了一位蓄有长胡子的男子的照片。这个人正是格里戈里·佩雷尔曼（Grigoriy Perelman）博士，这位40岁的俄罗斯数学家便是解决了"世纪难题"庞加莱猜想的人。

此时的会场中响起了暴风骤雨般的掌声。数学家们难掩心中的激动与喜悦，因为庞加莱猜想的解决，可以称得上是数学界百年一遇的奇迹。

图 0-4　菲尔兹奖颁奖典礼现场

图 0-5　格里戈里·佩雷尔曼

但是，热烈的掌声过后，却发生了令人始料未及的事情。

“非常令人遗憾的是，佩雷尔曼博士拒绝接受菲尔兹奖。”

或许是有人没听清楚鲍尔教授的这句话，或许是有人没理解这句话的意思，在鲍尔教授宣布完这一消息后，会场中仍然有稀疏的掌声响起，不过很快就停了下来。“怎么会有这种事情?”数学家们都难以置信。佩雷尔曼博士拒绝了菲尔兹奖的奖章和奖金，并且根本没有来到颁奖现场。

图 0-6　约翰·鲍尔宣布佩雷尔曼拒绝领奖的消息

对于那些曾经倾注大量心血、竭尽全力试图亲自证明庞加莱猜想的数学家而言，这无异于晴空中的一声惊雷。

美国数学家沃尔夫冈·哈肯（Wolfgang Haken）博士在长达三十余年的学术生涯中，始终致力于证明庞加莱猜想。他说道：“从未有数学家拒绝过每四年才会颁发一次的菲尔兹奖。这件事对于国际数学联盟来说是巨大的打击。尽管我不愿这样猜测，但佩雷尔曼的行为是否是为了引起关注？无论如何，这次事件后，佩雷尔曼这个名字会传遍全世界。我非常想知道佩雷尔曼拒绝菲尔兹奖的真正原因。同时，我也非常好奇佩雷尔曼博士是怎样的一个人，他的生活又是什么样子的。”

世界各地的媒体对此事给予了高度关注。《今日美国》报道称“俄数学隐士拒领‘数学界的诺贝尔奖’，国际数学联盟尴尬至极”。德国《法兰克福汇报》报道的标题为“贫穷数学家拒领百万美元奖金”。俄罗斯当地的《真理报》将报道聚焦于“世界第一的天才竟是俄罗斯人”。法国《国际先驱论坛报》则提出了新的问题：“佩雷尔曼的事情确实值得深思，但其他天才数学家的表现又如何？”

图 0-7 《庞加莱猜想被证明》(《科学》杂志，2006 年 12 月 22 日)

尽管世界各地的媒体大幅报道了这次事件，但焦点并未集中在“庞加莱猜想被攻克”这一伟大的功绩上。媒体把更多的注意力放在了佩雷尔曼博士有些特别的外表、令人捉摸不透的性格，以及百万美元奖金的归属问题上。

2000 年，美国克雷数学研究所（Clay Mathematics Institute，简称 CMI）选出了七个未解决的数学难题，即“千禧年大奖难题”（The Millennium Prize Problems，也称为世界七大数学难题），庞加莱猜想便是其中之一。能够成功解决这些难题的数学家，将获得该机构颁发的 100 万美元奖金，以表彰其对数学界的杰出贡献。

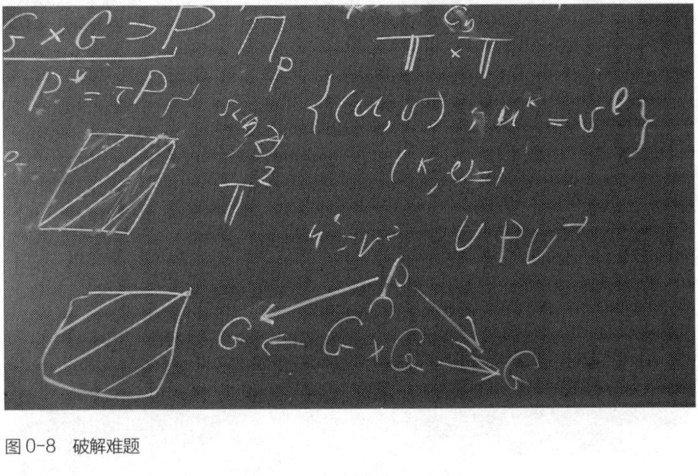

图 0-8　破解难题

然而，佩雷尔曼博士拒绝了菲尔兹奖，他也不太可能去领取这笔奖金。对此，克雷数学研究所没有发表任何评论。甚至在当时，人们连佩雷尔曼博士在哪儿都不知道，唯一与他有关的消息，是一则离奇的传言：“佩雷尔曼博士已经离开数学界，正在圣彼得堡的森林里享受着采蘑菇的乐趣，这是他的爱好。”

因为佩雷尔曼博士的行事，菲尔兹奖首次出现了没有颁发出去的奖章。菲尔兹奖的奖章代表了数学界的最高荣誉，其正面雕刻着古希腊数学家阿基米德的头像，侧面刻有获奖者的名字。在过去的七十余年里，仅有 44 位数学家获得过该奖章。

图 0-9　属于佩雷尔曼的菲尔兹奖奖章，现存于德国柏林

图 0-10　菲尔兹奖奖章的侧面刻着获奖者的名字

最后的对话

每一位数学家都梦想获得菲尔兹奖，为何佩雷尔曼博士却对此毫无兴趣？阐释宇宙形状的庞加莱猜想又是什么样的难题？解开这两个谜题，便是我们采访的出发点。

2007 年 1 月，我们的节目组正式踏上旅程。我们首先采访了当时身在英国的原国际数学联盟主席约翰·鲍尔博士。之所以将约翰·鲍尔博士作为我们采访的起点，是出于以下两个原因：一是我们得知，在佩雷尔曼博士从数学界消失前，约翰·鲍尔博士是最后一位和他有过对话的人；二是在马德里宣布佩雷尔曼博士放弃菲尔兹奖这一消息时，鲍尔博士那苦涩的表情给我们留下了深刻的印象。

约翰·鲍尔博士是牛津大学数学系的系主任，其研究方向是应用数学。采访时我们得知，在 2006 年的大会之后，鲍尔博士很快就卸任了国际数学联盟主席一职。接受采访时，他微笑着对我们说："卸任后就不用再负责保管奖章了，说实话这真是让我松了一口气。"

按照惯例，四年一度的国际数学家大会结束后，IMU 秘书处就会启动下一届大会主办国的轮换程序，以及 IMU 委员会成员的调整事宜。在这次史无前例的拒绝领奖事件后，IMU 的秘书处搬到了德国。原本应该颁发给佩雷尔曼博士的菲尔兹奖章，也被转移到柏林，由秘书处严格保管。

事实上，在此之前，约翰·鲍尔博士与佩雷尔曼博士并无交集。他们的首次对话发生在2006年春天。当时，IMU委员会已做出决定，将菲尔兹奖授予佩雷尔曼博士。为了确认获奖者的意愿，鲍尔博士拨通了佩雷尔曼博士的电话。这段通话的情形，他仍记忆犹新。

约翰·鲍尔博士回忆道："我告诉他，委员会一致决定将本年度的菲尔兹奖授予他，希望他能接受。然而，佩雷尔曼博士用非常流利的英语直接回道：'不用了，我不需要这个奖。'从语气中可以听出，他对此毫不惊讶，仿佛早已考虑周全，知道该如何答复这个通知。

"于是，我转而询问，如果我去圣彼得堡拜访他，是否可以与他见面。这件事他倒是爽快地答应了。"

2006年6月中旬，怀揣一丝希望的约翰·鲍尔博士独自来到圣彼得堡。他深知，面对面的交流，或许是让佩雷尔曼博士改变主意的唯一机会。

"坦率地说，我并不认为成功的可能性会很高，但当面试着去说服他，这件事本身是非常重要的。"约翰·鲍尔博士说道，"身边的很多数学家都拜托我去做这件事，我自己也非常想做。菲尔兹奖被拒绝接受，这必会引起轩然大波。因此，我们当时的考虑是，即使这次劝说失败，我们也应该借此机会更深入地了解佩雷尔曼的真实想法。”

图 0-11　圣彼得堡

记者：“您在圣彼得堡见到佩雷尔曼博士时，他给您的第一印象是什么样的？”

约翰·鲍尔：“我们约在欧拉研究所见面。我先到的，没过多久，佩雷尔曼也到了，但他站在研究所的外面等我出去。他留着长长的胡子和指甲，显得与众不同，因此非常容易就能辨认出来。但这些外在并不重要，我只对他所说的内容感兴趣。他似乎并不愿意进入欧拉研究所，因此我们在边走边聊的过程中换了个地方。”

记者：“他为什么不愿意进入欧拉研究所？”

约翰·鲍尔：“我没问具体原因，但我猜测，这可能源于他一贯的态度——他不认为自己是数学界的一员，也不想归属其中。或许正是因为如此，他才不愿踏入像欧拉研究所这样的数学机构。”

记者：“是什么原因让他会产生这样的想法？”

约翰·鲍尔：“这涉及他的个人隐私，不便多言。但可以肯定的是，某些经历让他对数学界产生了疏离感，也不想归属于这个群体。这是他谈到的不想接受菲尔兹奖的原因之一。”

记者：“那您是怎么认为的呢？您认同他对数学界这样的态度吗？”

约翰·鲍尔：“数学家和大多科学家一样，非常严谨认真，而佩雷尔曼博士尤为清高。也许，他的这个态度正是源自于他在数学研究上一贯坚持的严谨、明晰的风格吧。”

记者：“他在是否接受菲尔兹奖这件事上的态度很固执吗？还是他愿意倾听您的意见呢？”

约翰·鲍尔：“两方面都有，他既坚持己见，又愿意听取我的意见，并逐一回应。但从首次电话沟通到圣彼得堡两日会面结束，他的决定始终未曾动摇。”

记者：“在你们见面的这两天里，他是否曾对自己的成功表现出自豪和满意？”

约翰·鲍尔：“我问过他对自己的成功是否感到骄傲，他的回答是‘当然’。”

记者：“您认为这次拜访是成功的吗？”

约翰·鲍尔：“我最终没有劝他改变决定，从结果上看，拜访是失败的。但是通过这次交流，我更多地了解了他和我们双方的想法，还讨论了很多问题，这是非常好的一面。他非常坦率真诚，我很享受和他见面谈话的过程，仅这一点对我而言已是巨大的收获。”

图 0-12　圣彼得堡市内佩雷尔曼居住的地区

听了约翰·鲍尔博士的话，我们似乎对佩雷尔曼博士的真实想法愈发捉摸不透。但是，“清高的数学家”这一形象却深深地刻印在我们脑海中。临别之际，约翰·鲍尔博士对我们表示歉意：“我最近没有和佩雷尔曼联络过，也不知道他现在的行踪。”

图 0-13　圣彼得堡的森林，苍翠而茂盛

目录

第 1 章

追踪佩雷尔曼

佩雷尔曼的故乡——圣彼得堡

2007 年 5 月，我们来到了俄罗斯的第二大城市——圣彼得堡。据说，行踪不明的佩雷尔曼博士就隐居于这座他出生的城市。

时值极昼，虽然已过夜晚九点，但圣彼得堡的天空依然一片湛蓝。这一时期，也是这座城市的旅游旺季。纵横交错的运河与古老的街道交相辉映，游览船穿梭于河面，为城市增添了几分喧闹与活力。每逢周末，来自世界各地的情侣常常在这里的教堂举行婚礼，幸福的场景随处可见。

然而，佩雷尔曼博士的住处却很难找到。听闻有位当地记者曾采访过他，在等待对方回信期间，我们随机采访了几位街头的行人。

“请问您认识照片上的这位男士吗?”

“这是恐怖分子？还是演员?”一位德国女游客回答道。不知在哪儿听过一种说法，即在这个时期的圣彼得堡，欧洲旅客特别多，而脖子上挂着相机的，大多是德国人。

我们试着采访一位本地人，于是和一位正在等客的中年出租车司机聊了起来。

“这个人我知道！他是那个解决了庞加莱猜想却拒绝 100 万美元奖金的数学家吧。听说他几乎足不出户，甚至都不怎么出门买东西。”

我们接着又问："那您怎么看这个人？"

"我觉得他虽然很聪明，但应该是个怪人吧。"出租车司机答道。

随后，我们又采访了一位经营冰激凌摊位的女性，她也听说过佩雷尔曼。当问及她对佩雷尔曼拒绝领奖的看法时，她说："这真是太不可思议了！如果是我，绝对不会拒绝。因为我现在要为住的地方发愁，还要养活我 2 岁的女儿。他到底是怎么想的？！"

甚至有两个正在吃冰激凌的小学生也知道佩雷尔曼博士。

"这个人我见过，他是个有名的数学家！"

"他就住在那边！"

经过一番采访，我们发现，佩雷尔曼博士在当地颇有名气。

佩雷尔曼博士的住处位于圣彼得堡郊外，那是一片较为拥挤的高层住宅区。附近的居民说，这附近住宅的格局大多类似于日本常见的 1LDK1[①] 户型，是面向普通人租售的公寓。

楼房一层的公共休息区处有住户的信箱，但那上面没有写任何名字。佩雷尔曼博士应该住在 6 层，门上也没有名牌。我们尝试敲了敲门，但没有任何回应。

这让我们不禁怀疑，这位破解世纪难题的数学家是否真的居住在此。我们向一位路过的住户问道："请问佩雷尔曼先生是住在这里吗？"

"是的，他住在这里。"这位女住户还帮我们按了佩雷尔曼博士

---

① 日本的 1LDK 指一室一厅一厨的公寓。L 代表起居室（Living Room），D 代表餐厅（Dining Room），K 代表厨房（Kitchen）。——译者注

房间的门铃。这位女士多次按下门铃，门内依旧毫无动静，但她的表情似乎在说“果然如此”。

“我在这里住了五年，仅见过他六次左右。”

“您最后一次见到他是什么时候？”

“大概两三个月前吧。他穿得很朴素，满脸胡子，看起来有点拒人于千里之外的感觉。”

这位女士还透露，佩雷尔曼博士的母亲住在市区，他经常往返于母亲家和自己的公寓之间。但自从因为拒绝领奖而备受关注后，他似乎一直住在母亲家。

我们向她请教：“您知道怎么才能见到佩雷尔曼博士吗？”

“我不知道。他在研究所工作过，您去那里或许能得知一些消息。”

我们还采访了其他住户，但除了这位女士以外，其他人大多不太了解佩雷尔曼博士的情况。

佩雷尔曼博士曾在斯捷克洛夫数学研究所（Steklov Mathematical Institute）工作。该研究所位于一条古老的石阶路上，这条路就在流经圣彼得堡市中心的丰坦卡运河边上。这附近也正是陀思妥耶夫斯基的小说《白夜》中男女主人公相遇的地方。

斯捷克洛夫数学研究所是俄罗斯最具传统的研究所。在这里，数学家可以专注于数学研究，不用像大学教授那样承担指导学生以及行政事务的工作。因此，虽然研究所的工资不高，但它吸引了俄罗斯的顶尖数学人才。

图 1-1　位于圣彼得堡丰坦卡运河旁边的斯捷克洛夫数学研究所

娜塔莎女士是佩雷尔曼博士在研究所的同事，她带我们找到了博士工作的房间。推开一扇有些晃动的旧木门，呈现在我们面前的是一个不算宽敞的房间。房间中央摆放着一张椭圆形桌子，窗边则摆放着四张桌子。

“这里就是数理物理学的研究室，由佩雷尔曼博士和其他几位数学家共用。”

房间最里面的一张桌子上摆放着一台较大的台式计算机，娜塔莎女士指着那张桌子说：“佩雷尔曼博士平时就坐在那里做研究。当然，坐在那里的话，工作时会背对其他所有人。”

不过，从佩雷尔曼博士的座位向窗外望去，丰坦卡运河中往来的游船和小桥可以尽收眼底。

采访中，我们还找到了佩雷尔曼博士消失前留下的最后一张照片，是同事给他拍摄的。在这张照片中，我们只能看到博士坐在计算机前的背影。

据说，佩雷尔曼博士来研究所上班时，会先坐在计算机前面处理电子邮件。房间里的其他同事，经常会围在桌旁一边喝茶一边讨论数学问题，但佩雷尔曼博士从来没有加入过这个圈子，他只是埋头忙于自己的研究工作。

“有时候他会突然从座位上站起来，拿起桌上的点心，一边自言自语，一边回到自己的座位上。从表面看，他似乎有点难以接近，但当你向他请教数学问题时，他却会出乎意料地耐心解答。”娜塔莎说道。

但是，在 2005 年 12 月，佩雷尔曼博士突然辞去了研究所的工作。尽管同事们都极力挽留，他却不为所动。自那以后，大家就再也没有在研究所见到过他。

“有传闻说他离开了数学界，但我完全无法相信。对佩雷尔曼来说，数学就是他的一切，数学就是他的人生。”娜塔莎女士的语气平静，却充满了笃定。

图 1-2　佩雷尔曼的工位以及由同事拍摄的背影照片，拍摄于斯捷克洛夫数学研究所

名利非所愿

佩雷尔曼博士去向不明，也给研究所的行政人员带来了麻烦。在研究所的行政办公室的一个角落里，堆满了寄给佩雷尔曼博士的信件。这些信件来自世界各地，堆在一起，如同小山。

“这些都是演讲的委托或邀请函。这封是美国伯克利的国家数学科学研究所寄来的，这封来自意大利的米兰。所有信件上面都写明希望投递给佩雷尔曼博士本人。”

这些信大多是挂号信，但佩雷尔曼博士本人拒绝签收。结果，这些信就被转送到了斯捷克洛夫研究所。尽管研究所的行政人员为此感到头疼，却没有表现出任何责怪佩雷尔曼博士的态度。

“佩雷尔曼拒绝接受奖项，这完全符合他的性格。”研究所的财务负责人塔玛拉·雅科夫列夫娜女士这样对我们说道。

塔玛拉女士是一位气场强大、体型高大的女性，她从四五年前开始就在斯捷克洛夫研究所工作，是经验丰富的资深员工。她大学的专业是数学，因此也在研究所深受大家信赖。她的办公室几乎被从国外出差归来的数学家们带回的纪念品填满了。

就在佩雷尔曼博士辞职的几个月前，他突然来到塔玛拉的办公室，说希望把一部分工资还给研究所。

“佩雷尔曼博士当时对我说：‘我没有参加过这个项目，所以我不能要这笔钱。’”塔玛拉女士又补充说，“他发现自己的工资明细上有一个他不知道的项目。他没参加过这个项目，所以说不能要这笔钱。这个项目，其实是他的办公室的另一位数学家以小组形式设立的，而佩雷尔曼博士在这个时期正好在做另一个与此无关的研究。不过，即使他领了这笔钱，也没有同事会因此责怪他。把领到的工资还回来，这在研究所里是从未发生过的事，至少在我的记忆中是这样的。”

虽然如此，但事实上，佩雷尔曼博士的生活并不十分宽裕。当时，他仅靠每月 5000 卢布①的工资，维持自己和母亲两个人的生活。如果某个月工资的发放稍有延迟，他就会绷着一张脸走进塔玛拉女士的办公室，向她说：“这个月的工资还没有到账。”

“换句话说，佩雷尔曼只是严格遵守自己设定的行为原则。据我所知，这是许多数学家共有的特质。他们大多数都只忠实于自己内心的准则，很少会因为与他人的人际关系而妥协或违背这些原则。因此，用社会的一般标准去衡量佩雷尔曼的行为是毫无意义的。从这个角度看，我觉得与其说他的行为令人费解，不如说他的行为完全合乎情理。”

塔玛拉女士并没有试图去分析佩雷尔曼博士拒绝领奖这件事。她只是反复强调，他具有“数学家特有的品质”。

---

① 约为人民币 457 元。

“佩雷尔曼在人际交往方面可能并不擅长，也很难称得上性格随和。但是，相对应地，他具备极其罕见、超乎常人的诚实性格，这是一种完完全全的诚实。数学是一门建立在严谨的规则基础上的学科，这在另一方面也使数学家看起来与世疏离，甚至显得缺乏情感。”

在圣彼得堡停留一周后，我们意外通过一个电视节目得知了佩雷尔曼博士的近况。节目中提到：“尽管佩雷尔曼证明了庞加莱猜想，但是这位天才数学家拒绝接受菲尔兹奖和 100 万美元的奖金，在圣彼得堡过着与世隔绝的生活。那么，他如今身处何地，又在做什么呢?”

节目画面中出现了佩雷尔曼博士的身影，画面看上去是使用隐藏摄像机拍摄的。这段影像似乎是摄制人员蹲守在佩雷尔曼博士家附近拍摄到的。

“这里是佩雷尔曼的公寓附近的一家超市。各位请看，他拿起了一本非常畅销的大众杂志，却又将其放回了原处。这本杂志定价是 30 卢布，看来这个价格对他来说也有点贵。他在食物上的开销也非常节省，令人惊讶的是，他只买了一个售价为 2 卢布的苹果。如果他接受了那 100 万美元的奖金，他的生活肯定会非常富裕吧……”

在这样的旁白之后，屏幕上出现了一张充满刺激性且夸张的合成照片：佩雷尔曼博士身穿燕尾服，双手分别拥抱着美女。

据我们调查，自从佩雷尔曼博士拒绝了菲尔兹奖以后，俄罗斯的媒体就一直在追踪博士的私人生活，类似这样的节目在电视上反复播出。

圣彼得堡当地媒体曾经报道过，关于佩雷尔曼博士，人们甚至还创造了与他相关的流行词语。比如“佩雷尔曼化”（可能是“佩雷尔曼”一词的动词化？），意为“某人行踪飘忽不定，或者根本不知去向”，而“寻找佩雷尔曼”则被用来形容“不可能的事，或者明知根本就无法实现还要去做的行为”。

这些流行语确实幽默，但对于前来寻访佩雷尔曼行踪的我们来说，还真让人笑不出来。

沧桑巨变的天才少年

俄罗斯国内的媒体对佩雷尔曼博士的这类报道，让一个人感到万分痛心，他就是佩雷尔曼博士高中时期的恩师亚历山德拉·阿布拉莫夫（Aleksandra Abramoff）。阿布拉莫夫先生现在就职于莫斯科教育委员会，负责筹划建立新学校的相关工作。为了采访他，我们立即启程飞往了莫斯科。

“格里沙现在怎么样了？”

我们与阿布拉莫夫先生一见面，他就迫不及待地问道。“格里沙”是佩雷尔曼博士少年时期的昵称，来源于他的名字格里戈里。我们告诉他，虽然未能直接采访到佩雷尔曼博士，但我们有一段偶然录下的、关于他的电视节目。阿布拉莫夫先生听罢立刻表示希望观看。他观看节目时，眉头紧锁，不断抽烟。

“真是太过分了！这样的报道简直不堪入目！想采访他应该怀有敬意，这个节目真是太过分了……”

说着，阿布拉莫夫先生从书架深处取出了一本厚厚的文件夹。里面整齐地保存着佩雷尔曼博士高中时期的照片、剪报，甚至还有当时的考试答卷。文件夹干净整洁，照片保存得完好无损，显然这些资料对阿布拉莫夫先生来说极为珍贵。

照片中，少年时期的佩雷尔曼博士比现在稍显胖一点，留着清爽的短发。在大多数照片的画面中，他被朋友围绕着，面带灿烂的笑容。

图 1-3 阿布拉莫夫先生手指向的就是少年时期的佩雷尔曼

“他对很多领域都感兴趣，不论谈起什么话题，即便他的话可能不多，也总能让对话持续下去，可以说他知识渊博。他不擅长体育运动，但很喜欢散步。我们经常一边散步，一边谈论数学。他有时会有一些惊人之语，比如有一次他就告诉我‘我总觉得好像是有人在我耳边轻声地告诉了我解法’。”

现在，这位他曾经教过的最优秀的学生，究竟发生了什么事情？佩雷尔曼博士为何不再现身？连阿布拉莫夫先生也毫无头绪。

采访的最后，阿布拉莫夫先生说了一些自己的看法：“有句话是这么说的，‘人们必须谅解天才的与众不同。’被称为天才的这类人，一定有一些地方表现得比较奇怪。但是现在，俄罗斯国内的媒体对格里沙缺乏足够的宽容。为什么他远离社会大众？究竟是什么原因让他做出这样的选择？我们必须怀着敬意去寻找这些问题的答案。”

据说佩雷尔曼博士喜欢采蘑菇，所以我们特地来到了圣彼得堡郊外的森林。在 5 月的森林里，我们并没有找到博士的身影，而且这个时候就连蘑菇都很难找到。

佩雷尔曼博士为何对荣誉不屑一顾，又为什么消失在人们的视线中？

“清高的数学家”“完完全全的诚实”“数学就是他的人生”……尽管我们尚未完全搞清楚这些了解佩雷尔曼博士的数学家们的评语的真意，但是我们能感觉到，解开佩雷尔曼博士失踪之谜的线索就隐藏在其中。关于数学，我们是不是还有什么重要的地方尚未了解呢？

了解佩雷尔曼博士消失的真正原因，我们必须先搞清楚以下问题：庞加莱猜想究竟是什么样的难题？这个难题在从诞生到解决的百年间，经历了怎样的命运？

我们暂时与圣彼得堡告别，踏上了继续追寻答案的旅程。

第 2 章

庞加莱猜想的诞生

热爱自由数学的天才——庞加莱

2007 年 6 月，我们来到了法国洛林地区的小城南锡，准备在当地一所高中采访关于庞加莱猜想的特色课程。该课程的讲师是巴黎第十一大学的荣休教授瓦伦丁·波埃纳鲁博士（时年 75 岁），学生是这所高中理科毕业班的近百名高中生。

我们一进入教室，波埃纳鲁博士便滔滔不绝地讲了起来。

“今天课程的主题是庞加莱猜想。在进入正题之前，我觉得大家应该先了解一下亨利·庞加莱本人。庞加莱是最后一位几乎涉猎所有学科的科学家。他差不多研究过当时所有数学领域中存在的问题。不仅如此，他还是当时非常重要的一位物理学家。另外，我们也必须知道，他也是一位伟大的哲学家。他撰写过四本哲学著作[①]，这些著作文辞优美、思想深刻，时至今日已经成为重要的经典作品，其内容依然适用于当下。虽然书中关于科学的记述可能显得有些陈旧，但他的哲学思想依旧鲜活，毫无褪色。”

实际上，这所高中的名字正是“亨利·庞加莱高中”，这里也是

---

① 庞加莱的哲学思想集著作有《科学与假设》《科学的价值》《科学与方法》《最后的沉思》。

"庞加莱猜想"之父——数学家亨利·庞加莱曾经就读的学校。学校的庭院中央矗立着庞加莱的半身雕像，每当课间休息，学生们总喜欢围在雕像旁愉快地聊天。

在这堂特色课程开始之前，我们采访了一些学生，看他们对这位伟大的校友了解多少。

图 2-1 亨利·庞加莱（Henri Poincaré，1854—1912）

记者："你知道亨利·庞加莱吗？"

学生："当然知道！他是雷蒙·庞加莱[①]的堂兄吧，雷蒙是法国的

① 雷蒙·庞加莱（Raymond Poincaré，1860 年 8 月 20 日—1934 年 10 月 15 日），法国政治家。1912 年—1913 年担任法国总理兼外交部部长；1913 年—1920 年担任法国总统；1922 年—1924 年与 1926 年—1929 年再次出任法国总理。

政治家，当过总统。”

记者：“那你们知道庞加莱的贡献吗？”

学生：“庞加莱发现了某个定理。虽然我不太清楚具体是什么，但我知道他发现了非常重要的理论，仅这一点就非常伟大了。另外，他还研究过天文学，甚至为爱因斯坦博士的研究提供过帮助。他也是非常伟大的思想家。他戴着一副歪歪扭扭的眼镜，不过，世界上毕竟没有完美的人，不是吗？”

亨利・庞加莱于 1854 年出生在法国东北部的南锡。他的父亲莱昂・庞加莱（Leon Poicaré）是南锡大学的医学教授，工作非常忙，教养庞加莱的重担就落在了母亲尤金妮女士的肩上。1862 年，庞加莱进入南锡中学（现亨利・庞加莱高中）读书。从当年的成绩单上可以看出，他几乎在所有科目上都名列前茅，只有音乐成绩不太理想，体育成绩也只能算“中等”。

学生时期的庞加莱曾给母亲写过一封风格非常特别的信，这封信至今仍然被完整地保存下来。他在这封信里写道：“妈妈，这是我感冒症状的变化：一开始是鼻塞，接着越来越严重，好不容易缓解了，结果又开始胸痛。”而在这段文字下方，他竟然用图表将自己感冒症状的变化形象地描绘出来。

可能无论什么事情，庞加莱都习惯用数学化的思维去思考，在他写给朋友的很多信里，都会附带这类独特的表格和示意图。虽然如此，但庞加莱实际上并不擅长画特别精细的画。

南锡大学的格哈德・欣茨曼（Gerhard Hinzman）教授告诉我们：

“庞加莱的绘画水平很差，他的美术成绩一直不太好。不过，从他在巴黎综合理工学院时期的信件来看，他一直在努力练习素描。”

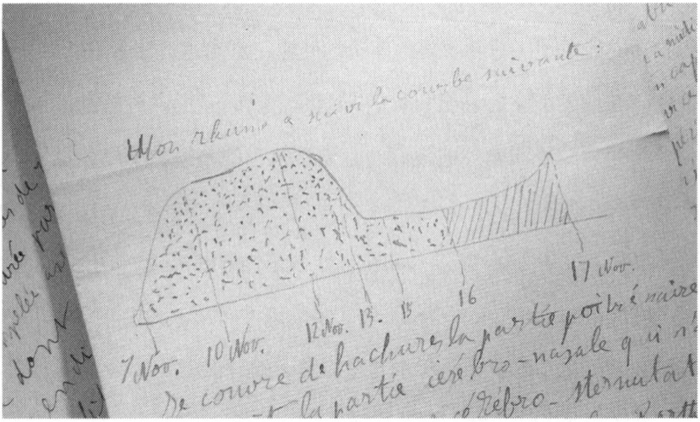

图 2-2　庞加莱寄给母亲的信，他在信中用图来描述自己感冒症状的变化

庞加莱不仅擅长数学，还精通物理学、哲学等几乎所有的学术领域，最终被誉为与列奥纳多·达·芬奇、艾萨克·牛顿齐名的“知识巨人”。

与庞加莱同一时代的法国数学家让·加斯东·达布（Jean Gaston Darboux）曾这样评价他：“庞加莱的思维方式是直觉式的。”庞加莱经常用图进行分析，原因也在于此。确实，庞加莱对数学的严密性并没有那么在意，甚至有讨厌逻辑的一面。他认为，逻辑并不是发明创造的源泉，只是将灵感系统化的方法，他甚至认为逻辑会阻碍灵感的产生。庞加莱的观点，与英国数学家伯特兰·罗素（Bertrand

Russell）[①]、德国数学家戈特洛布·弗雷格（Gottlob Frege）主张的“数学是逻辑学的一个分支”的观点恰好完全相反，他们之间曾为此展开了激烈的哲学争论。

① 关于罗素与庞加莱还有一则趣闻流传下来。据说第一次世界大战期间，某位英国将军询问数学家罗素：“现在法国最伟大的人物是谁？”罗素马上回答道：“庞加莱。”“原来是雷蒙啊……”将军错以为罗素说的是时任法国总统的雷蒙·庞加莱。罗素立即反驳：“不，将军，我指的是数学家亨利·庞加莱。”

庞加莱猜想——追寻“形状之谜”

庞加莱猜想诞生于 1904 年，也就是一个世纪之前，当时庞加莱已 50 岁。那个时期，巴黎恰好被“新艺术运动”（Art Nouveau）的风潮所装点。巨大的蘑菇形状的灯具，宛如豹子身体般流畅线条的家具……这场设计革命一扫 18 世纪工业革命以来占据主流的“机械直线”的设计思想，转而以植物、动物为主题，强调“柔和曲线”的美学表达。

庞加莱的家乡南锡，正是新艺术运动的重要据点之一，而这一运动的核心人物包括来自南锡的玻璃艺术家埃米尔·加莱和多姆兄弟，他们也被称为“南锡派”。

南锡大学的资料室是法国有关庞加莱研究的重要基地。“这里收藏了庞加莱的所有著作。这些都是从庞加莱的家人那里获得的。”格哈德·欣茨曼教授自豪地从书架上取下了一本论文集。这是庞加莱在 1904 年发表的论文《对位置分析学的第五次补充》，“庞加莱猜想”的原文便收录于此。

“论文名字中的‘位置分析学’（Analysis Situs）是庞加莱开创的数学分支，如今这个领域被称为拓扑学（Topology）。在这篇论文中，庞加莱首先向自己提出了一系列问题。这篇论文并不遵循现代论文的格式，即先陈述定理，再给出证明。相反，它更像是一场庞加莱与自己的对话——他先提出问题，然后自己逐一解答，文章就这样延续下去。”

“在这篇论文的最后，他提出了后来被称为‘庞加莱猜想’的问题。”格哈德·欣茨曼教授指着一部分文字继续说，“这里他写道‘还有最后一个必须研究的问题，即将基本群替换为同胚空间，也无法形成单连通体，这种可能性存在吗？’”

这位 20 世纪的“知识巨人”留于世间的“庞加莱猜想”，在一百多年之后才被解开。庞加莱猜想的严谨的数学表述如下：任一单连通的三维闭流形，是否与三维球面同胚？

这个问题究竟与宇宙的形状有何关系？接下来的内容将会对此详细说明，请大家耐心阅读。

现在，让我们先回到瓦伦丁·波埃纳鲁博士的特色课程上。

“同学们，既然大家已经知道庞加莱是谁，那么现在我将带领大家进入‘庞加莱猜想’的世界。庞加莱猜想是一个与宇宙的形状和结构密切相关的数学问题。”

波埃纳鲁博士一边说一边拿出了一根红色绳子，他用这根绳子将投影到墙上的宇宙图片圈住。

“现在，请想象一下，有人带着足够长的绳子，从地球出发进行一场环绕宇宙的旅行。假设这个人完成旅程，平安返回地球。此时，围绕宇宙一圈的绳子，就像这样，是否一定能够收回到这个人的手中？”波埃纳鲁博士边说边演示，将刚才铺开的绳子重新收回到自己手中。

“如果绳子一定能被收回来，那么我们可以说宇宙是球形的。这就是今天我们所说的‘庞加莱猜想’。”

如果能把围绕宇宙一圈的绳子收回来，就可以说宇宙是球形的……这听起来简直像是在开玩笑。波埃纳鲁博士的话让庞加莱高中的学生们露出了困惑的表情，课堂上一时间鸦雀无声。

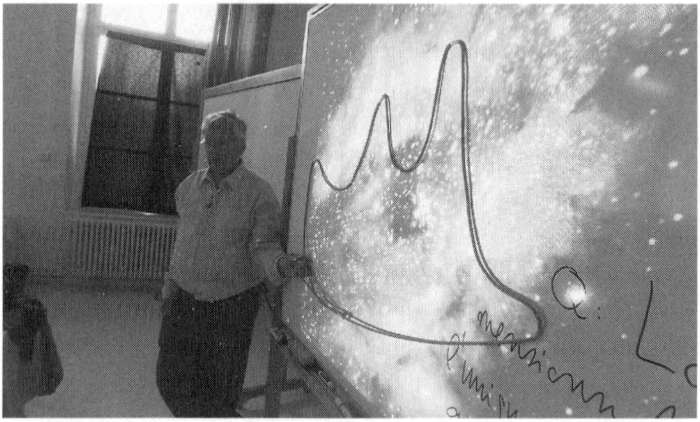

图 2-3 波埃纳鲁博士用绳子圈住投影到墙面上的宇宙图片

此时，波埃纳鲁博士提出，应该先去了解一下我们人类过去是如何看待“地球的形状”的，这样大家也许能更加容易理解庞加莱猜想。于是，故事的舞台从现代一下子穿越到了 16 世纪的葡萄牙。

地球的形状

“大家有没有去过欧洲大陆的最西端，位于葡萄牙的罗卡角？中世纪时，人们普遍相信，罗卡角以西便不再有陆地。16 世纪著名的葡萄牙诗人卡蒙斯（Camões）就曾站在那里的绝壁处感叹：‘陆止于此，海始于斯’。

“在科学尚不发达的时代，人们普遍认为地球是‘无限延伸的平坦世界’。尽管也有一些科学家猜测地球可能是球体，但是当时并没有人能够证明这一点。当时甚至有人相信，在地平线的尽头可能有瀑布，或者有巨大的山峰矗立。

“地平线的尽头究竟是什么样的情形？‘地球的形状’成为当时挑起人们好奇心的最大谜题。这个谜题的破解，要一直等到一位我们熟悉的传奇人物出现。没错，正如大家所想，这位传奇人物就是葡萄牙探险家费迪南德·麦哲伦。1519 年，麦哲伦率领一支由五艘船组成的船队，开启了从未有人尝试过的环球航行。在航行路线上，麦哲伦并没有选择当时已经广为人知的印度航线向东进发，而是带领船队西向航行，去探索未知的海域。然而，这场航行充满了艰险，船队的船不断毁损，就连麦哲伦本人也在旅途中丧命，地点就在今天的菲律宾。

“但是，在历时三年的航行后，五艘船中还是有一艘船最终成功从东方回到了出发地葡萄牙。安东尼奥·皮加费塔（Antonio Pigafetta）是当时完成这一壮举的船员之一，他在航海日志中写下了这样的话：‘我们终于成功地环绕世界一周！’

“没错，麦哲伦和他的船员们用以性命为赌注的冒险，首次证明了地球确实是球形的！”

这段故事，大家可能都耳熟能详。麦哲伦用实际行动向世人展示了，那片我们日常所感知为“平坦”的大地，实际上是“巨大球体的一部分”。

然而波埃纳鲁博士要讲的故事并未就此结束。

“在麦哲伦船队完成环球航行约四百年后，我们的天才科学家亨利·庞加莱却提出了不同的看法，他认为用麦哲伦的方法，根本无法证明地球是球形的。庞加莱是这样考虑的：‘如果地球不是完美的球形，情况又会怎么样？假如地球存在一个贯穿北极和南极的巨大孔洞，是类似甜甜圈的形状，那么麦哲伦的船队依然可以绕地球一圈，回到出发点。因此，仅凭回到出发点的事实，并不能断言地球是球形的。’

“庞加莱的观点或许听起来有点像故意找茬儿，但请大家想一下，庞加莱生活在 19 世纪后半叶到 20 世纪初，那时候别说是人造卫星，就连飞机都还没发明出来。当时还没有人亲眼看到过地球的北极点或南极点。事实上，人类首次到达北极点，是 1909 年由美国探险家罗伯特·皮尔里（Robert Peary）完成的。南极点的探索则直到

1911 年才由挪威探险家罗阿尔·阿蒙森（Roald Amundsen）实现。这意味着，当时没人能证明地球的两个极点之间是否存在巨大的孔洞。”

另外，事实上并没有任何文献资料显示，庞加莱质疑过麦哲伦船队环球航行的成就。毕竟庞加莱既非探险家也不是地理学家，他只不过是一位数学家。波埃纳鲁博士在这里巧妙地编织了这个小故事，只是为了说明在当时虽然大多数人认为“麦哲伦完成环球航行”就等于“证明了地球是球形的”，但身为数学家的庞加莱，应该会以这种思考模式提出反对意见。

“现在，请大家想一下，在没有飞机和卫星的时代，我们该如何确定地球上是否存在孔洞呢？实际上，庞加莱想出了一个好办法。”

波埃纳鲁博士随即拿出了两个地球仪，一个是普通的地球仪，一个是带有孔洞的甜甜圈形状的地球仪。他解释说，有一种方法，无论地球实际上是哪种形状，都可以仅用一根绳子找出答案。

“首先请大家想象一下，你站在海边的一个岬角上，手里拿着一根非常长的绳子。现在，将绳子的一端牢牢固定在岬角上，另一端绑在一艘船上。然后，让这艘船拖着绳子，向远方航行。

“这艘船环绕地球一周，最终回到出发点。此时，把绑在船上的绳子的另一端解下来，同样也绑在岬角上。请大家再想象一下自己的手握住了这根环绕了地球一圈的绳子。当你往回拉绳子时，如果能将绳子全部收回，那么我们就可以说，地球是球形的。庞加莱就是这样思考这个问题的。”

图 2-4 （从上至下）绑着绳子的另一端的船从罗卡角起航，环绕地球一周，回到出发点。此时，如果绳子能够全部收回，则可以证明地球是球形的

也许有人会有疑问:“世界上真的存在这么长的绳子吗?”这个问题很现实。但是,这只不过是一个思想实验(在头脑中进行的实验)。请各位读者也和庞加莱高中的同学们一起,在脑海中拉动这根虚拟的绳索。

还有人可能会担心:“往回拉绳子的时候,绳子会不会卡在喜马拉雅山上?”不用担心,喜马拉雅山虽然海拔很高,但与地球的规模相比,这一点是可以忽略的。大家不要在意这些问题,请继续想象我们在不断努力地往回拉动绳子。现在如何?在大家的想象中,应该已经把绳子都拉回来了吧(图 2-5 上图、中图)。

“如果能够把环绕地球一周的绳子全部收回来,那么我们就可以说地球是球形的。如果从地球外部俯瞰地球,这个结论是非常直观的。庞加莱的独到之处在于,即使不从地球外部观察,仅凭一根绳子,也能确认地球是否是球形的!

“接下来,请大家想象,如果地球是甜甜圈的形状,会发生什么样的情况。再试着想象一下,你手中握着环绕了地球一圈的绳子,现在开始用力往回拉,大家用力!”

结果如何?没错,这次绳子无法收回来了。

从地球外部观察,原因便一目了然。绳子穿过了地球的孔洞,所以,往回拉绳子时,绳子已经套在了环状地球上,无法被收回了(图 2-5 下图・左)。而且,即便是绳子沿着孔洞的洞口边缘环绕一周的情况,绳子也无法被收回。

此时,一位同学举手发问:“博士,绳子环绕孔洞边缘一周的情况,我觉得应该可以收得回来吧?”(图 2-5 下图・右)

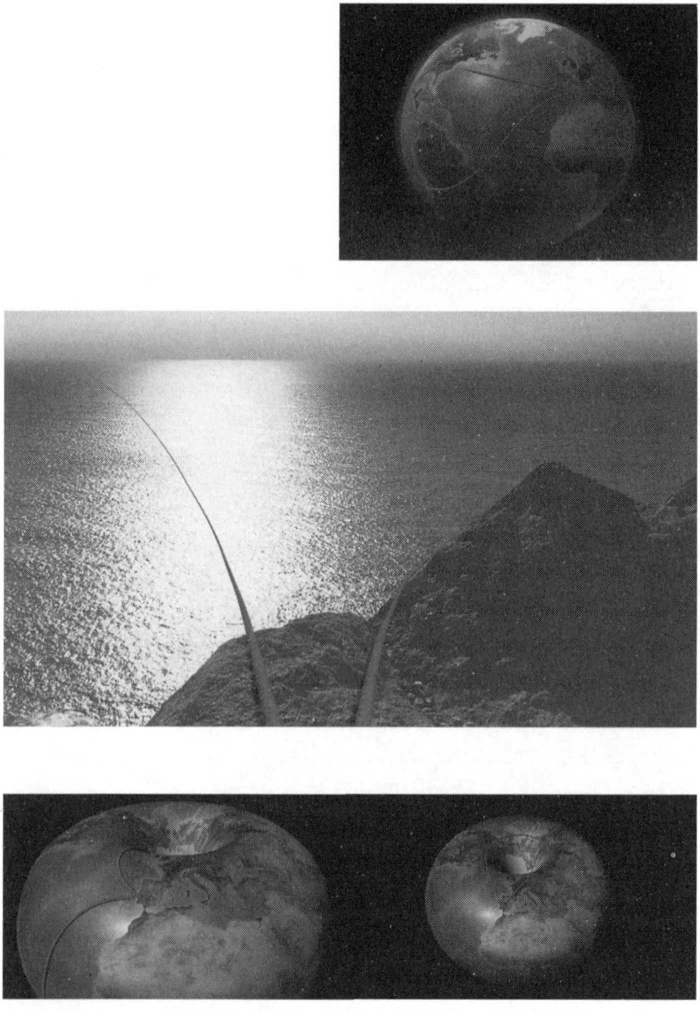

图2-5 （上图）只有在不离开地表的前提下成功回收绳子，才能说地球是球形的

（中图）收回环绕地球的绳子

（下图）甜甜圈形状的地球，绳子会套在环状地球上收不回来

这个问题显然在波埃纳鲁博士的意料之中。他请一名学生到讲台上，和他一起给大家示范。

“现在，我们在甜甜圈形状的地球上进行实验，看能否把绳子收回来。像这样慢慢地把绳子往回拉……大家看，绳子会从地球表面脱离并悬在空中，对吧？这种情况不能算作成功收回了绳子。想要把沿孔洞一圈的绳子收回来，无论如何都会出现绳子脱离地球表面的情况。如果绳子无法始终保持在地球表面，那就不能将其视为调查地球形状的实验了。”

确实，按照实际情况来看，要将摆脱了地球引力进而飘浮在宇宙中的绳子拉回来，这是非常困难的。也就是说，沿地球中心孔洞边缘环绕一周的绳子，是无法被收回的。

“如果能收回绳子，那么地球是球形的；如果收不回绳子，则地球就不是球形的。”庞加莱的方法让我们无须从外部观察地球，仅凭一根绳子，就可以确认地球是否是球形的。数学家的想象力，令人不得不佩服。

图 2-6　在这种情况下收回绳子，绳子必然会脱离地球表面

宇宙的形状

“同学们，宇宙可比地球复杂得多。与地球不同的是，无论科技如何发展，我们都无法真正到达宇宙的‘外部’。那么，能否像刚才探测地球形状那样，在不离开宇宙的情况下，探测宇宙的形状呢?”

波埃纳鲁博士的课程终于进入了主题，也就是庞加莱猜想的话题。庞加莱的探索之心并未止步于地球形状的探测，而是扩展到了宇宙形状的研究。

顺便一提，庞加莱在思索宇宙形状时，正值一部法国电影《月球旅行记》(1902 年) 引发热议。这部电影改编自儒勒·凡尔纳 (Jules Verne) 的小说，是世界上首部科幻电影。这部电影中有一个著名的场景，即人类乘坐由镀锡铁制成的火箭飞往月球，但火箭着陆时却插到了月球的左眼，拟人化的月球因刺痛而流泪。如今看来，这部电影中的内容极具创新性，着实令人惊叹，或许庞加莱也从中得到了一些启示。

波埃纳鲁博士继续说道:“庞加莱想到的探测宇宙形状的方法，就是使用所谓的‘宇宙火箭’。他在自己的脑海中，想象把一根绳子绑到火箭上，然后让火箭飞向宇宙。假设这艘绑着绳子的火箭在宇宙中持续自由飞行，最终绕宇宙一周并安全返回地球。请大家想象一下，你手中正握着围绕宇宙一周的巨大绳圈。现在，让我们尝试收回这根绳子，大家用力！

“如果这根长长的绳子能完全收回来，那么宇宙的形状是什么样的呢？请想象一下，我们现在能从外部观察宇宙整体（虽然这在现实中是不可能的），如果绳子能完全被收回，那么就与地球实验相同，宇宙也是没有孔洞或裂缝的球形。庞加莱就是这样思考的。

“相反，如果绳子被卡住，无法完全收回，那么这意味着宇宙中存在贯穿整个宇宙空间的巨大孔洞。这种情况下就不能说宇宙是球形的，而应该是所谓的甜甜圈形状的。”

庞加莱仅用一根绳子，就可以判断宇宙的形状是球形还是非球形。这一构想的数学表达便是“庞加莱猜想”。1904 年，庞加莱将这个猜想抛向了数学界，而证明这一猜想的正确性，整整花费了数学家们一百多年的时间。

“当然，因为宇宙是三维的，探测其形状的复杂程度远高于地球。但庞加莱猜想的重点在于，能否用这种方法来确认宇宙是球形的。将‘地球表面’替换为‘宇宙空间’时，问题的难度也飞跃性地提高了。”

为什么说庞加莱猜想是非常困难的问题呢？波埃纳鲁博士认为，该猜想中混杂了两个层次的困难。

第一，是“用绳子证明地球是球形的方法”并非理所当然的简单之事。现在，人类已经从外部观察过地球，确认了它是球形的。但庞加莱的非凡之处在于，他在没有从外部观察地球的条件下，找到了确认地球形状的方法。已经熟悉地球形状的现代人，恐怕很难体会到这一构想背后的困难与意义。

第二，我们无法想象“宇宙的形状”。即使凭借现代的科学技术，人类也无法前往宇宙的外部。

在这堂课的最后，波埃纳鲁博士在地球仪上画了一只蚂蚁，说道：“地球表面的一只蚂蚁，要想了解地球的形状是非常困难的，因为它无法离开地球。同样，人类无法离开宇宙。但庞加莱认为，即使无法离开宇宙，我们仍然可以找到确认宇宙形状的方法。”

现在，相信大家也对庞加莱猜想的难度之大有所理解了。

专栏 1　如何理解“宇宙是球形的”

当听到“宇宙是球形的”时，你会想如何想象呢？也许你会觉得，宇宙是一个三维的球形，就像是“地球是球形”“橘子是球形”的情况一样。此时，你可能会回想起儿时曾经问过的问题：如果宇宙是三维的球体，那么宇宙一定有尽头，但宇宙的尽头之外又是什么？

确实，宇宙所谓的“球形”不可能像地球的形状那样简单，本书所说的“宇宙是球形的”其实非常复杂，为了方便大家理解，下面我们将其与大家熟悉的地球做一下对比。

在日常生活中，我们很少能直接感受到“地球表面是球面”这一事实。因为即使我们将地球表面看作是平坦的，也不会影响日常生活。然而，如果地球表面真的是平坦的，那就意味着它是一个无限延展的平面。也就是说，在这个平面上，从某一地点开始笔直向前行走，最终将无法回到起点。

但事实上，我们都知道，在地球上沿同一个方向前进，总有一天能够走回到原地。这之所以可能，是因为地球是球形的，其表面是封闭的（如果地球是有一个孔洞的甜甜圈形状的，那么也可能回到起点）。

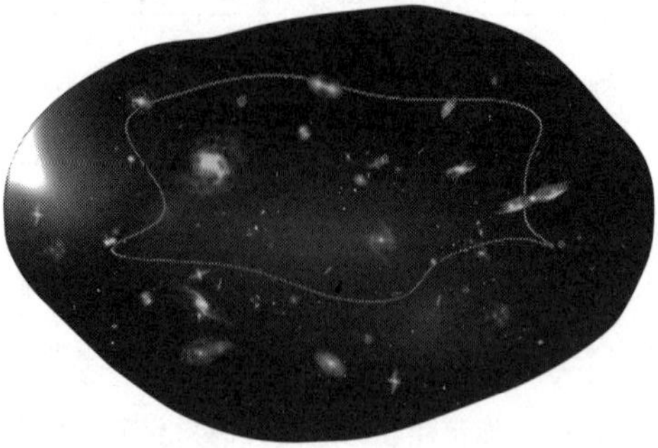

专栏图 1-1 “球形”宇宙

如果宇宙是球形的，那么人在宇宙中沿同一方向前行，也会在不知不觉中回到原来的地方。地球的情况中，我们是在地球表面（二维）沿同一方向前进走回到起点；而在宇宙中，我们则是在宇宙空间（三维）中沿同一方向飞回到起点。

举例来说，在这种球形的宇宙中，我们向正前方射出一颗子弹，子弹飞行的路线明明没有改变，最终却击中了我们自己的后脑勺。那么，宇宙是在什么地方开始弯曲的呢？宇宙整体又是什么形状的呢？

这些问题的答案并不简单。为了追寻这些答案，我们需要庞加莱猜想和数学的帮助。

专栏 2　庞加莱猜想和宇宙的关系

庞加莱猜想作为一个数学命题，为什么会与宇宙的形状相关？可能有读者觉得难以理解，下面我们将尽量使用数学表达来解读庞加莱猜想。

庞加莱猜想的数学表述是：“任一单连通的三维闭流形，都与三维球面同胚。”这句话中有很多陌生术语，我们试着逐一替换解释这些术语。

- 单连通：是指在其表面绕上绳子，绳子一定能全部收回。
- 三维闭流形：四维空间的表面。
- 三维球面：球形的四维空间（四维球体）的表面。
- 同胚：等同。

结合上述解释，我们可以庞加莱猜想重新表述为：环绕的绳子必定能够收回的四维空间的表面，等同于四维球体的表面。

如果还觉得复杂难懂，我们可以再换个角度来描述。

像地球或者橘子这样较为完美的球体，在数学中被称为“三维球体”。它们都是存在于三维世界中的球体，所以“三维球体”这个名字算是名副其实。三维球体的表面（例如地球的“地表”，橘子的橘皮），在数学中被称为“二维球面”。为什么称为“二维”？因为三维球体表面上的任意一点，都可以仅用两个数的组合来确定。例如，在地球表面上，只要知道“经度”和“纬度”这两个数据，我们就可以确定地表上任意一点的位置。因此，三维球体的表面是二维球面。在数学中，同理可得“四维球体的表面是三维球面”[①]。

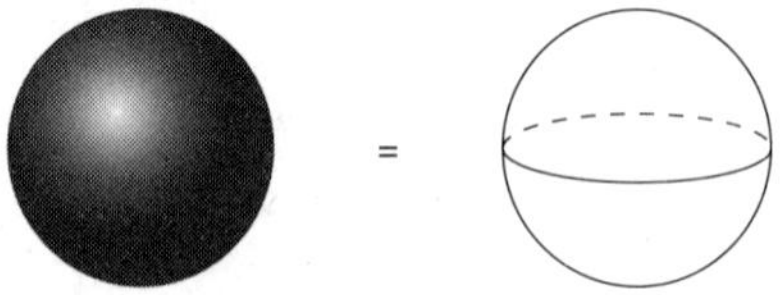

专栏图 2-1　三维球体的表面 = 二维球面

也就是说，在庞加莱猜想中出现的“三维球面”这个词，意思是“四维球体的表面”。现在，让我们回到刚才所说的庞加莱猜想的新表述“环绕的绳子必定能够收回的四维空间的表面，等同于四维球体的表面”，可以发现，庞加莱猜想研究的正是关于四维宇宙（空间）的表面形状。虽然听起来有些复杂，但这非常有趣，不是吗？

① 这看起来是理所当然的，但除了直观上的构想，还需要数学上的证明。实际上，该结论到 20 世纪中期才得以证明，之后，法国数学家勒内·托姆（René Thom）将其发展为能够扩展至一般维度的伟大理论。

第 3 章

古典数学与拓扑学

数学的新艺术运动

或许有读者会疑惑，上一章出现的“球形”“甜甜圈”“绕绳子”等描述，真的与数学有关吗？为什么没有出现 x、y、微分、积分，还有那些晦涩难懂的符号呢？

这种疑问不无道理，因为这些描述庞加莱猜想的词语与我们在中学数学课上学到的内容确实有所不同。本章将稍作转变，去探寻这个问题背后的奥秘。

在 20 世纪初的数学家们，特别是几何学领域的专家们看来，巴黎的街道或许就像这张照片所展示的那样（图 3-1），是一个由 x、y 以及微分符号构成的“微分几何学”世界。微分几何学是当时几何学研究的主流，而我们今天在学校学习的与图形相关的数学内容，也多以此为理论基础。

微分几何学的起源可以追溯到 17 世纪，其奠基人是被誉为英国骄傲的科学全才——艾萨克・牛顿（1643—1727）。牛顿在数学、物理学、天文学等多个领域成绩斐然，是一位“知识巨人”，他创建的微积分学为后来微分几何学的发展奠定了基础[①]。

① 微分几何学经常被拿来与 19 世纪末至 20 世纪初、由庞加莱体系化的拓扑学相比较。数学界一般认为，微分几何学的创始人是德国的卡尔・弗里德里希・高斯（1777—1855）。此处提及牛顿，是考虑到他作为“智慧全才”经常被拿来与庞加莱进行比较，且在人们的印象中，他往往被视为“古典数学的象征”。无论如何，牛顿所创立的微积分学是微分几何学的一个重要源头，这一点是毋庸置疑的事实。

两个多世纪后，法国诞生了一位与牛顿齐名的数学家庞加莱。他同样在物理学和天文学方面有杰出贡献，被誉为“20 世纪的知识巨人”。庞加莱认为：“微分几何学的理论，无法处理让人无从下手的宇宙形状问题，要想解决这个问题，需要一种完全不同的新思路。”

在这种构想的推动下，研究图形的全新方法“位置分析学”（拓扑学）应运而生。在现存的庞加莱笔记和论文中，存在许多扭曲、缠绕的奇妙图形，这些图形在古典数学中从未出现过。追寻宇宙形状之谜的庞加莱猜想，或许正需这种全新的数学。

图 3-1　在几何学专家的眼里，巴黎的街道是这个样子的？

但也有一种说法是，庞加莱创造出这个全新的数学分支纯属偶然。南锡大学的格哈德 · 欣茨曼教授提到：“众所周知，庞加莱很不擅长绘画。他画的图形非常粗糙，甚至画圆形和三角形时经常不做区分。不过，这一点恰好符合了拓扑学的性质。”

图 3-2　庞加莱的笔记

对于庞加莱来说，古典数学中以长度或角度的细微差异来严格区分形状的做法，显得过于刻板和严苛。因此，他巧妙地将自身的弱点转化为优势，跳脱出古典数学的束缚，开创了一个全新的领域。

拓扑学诞生于 20 世纪初的法国，这也是新艺术运动风靡一时的时代。这种灵活多变的数学理论，宛如数学界的“新艺术流派”。

接下来，我们将为大家展示这种“柔性数学”的核心魅力。

拓扑学的魔法

“欢迎大家来到拓扑学的世界！这是一个由庞加莱在一百年前开创的全新数学领域。在拓扑学的世界中，甜甜圈和茶杯被认为具有相同的形状。”

在拍摄完亨利·庞加莱高中的特色课程一周后，我们在巴黎的一家咖啡馆里，拍摄了瓦伦丁·波埃纳鲁博士的课外讲座。博士告诉我们：“要想谈论庞加莱猜想，那么也需要了解作为其基础的拓扑学理论。”

波埃纳鲁博士进一步解释道：“拓扑学并不使用复杂的方程，对物体形状的理解方式也相对粗略，非常柔软灵活。初次接触庞加莱猜想的人或许会觉得它很古怪，这是因为它属于拓扑学这个全新的数学分支。”

讲到这里，博士暂时停下，开始津津有味地享用甜甜圈。

根据波埃纳鲁博士的介绍，在庞加莱之前的古典数学，也就是拓扑学（位置分析学）出现前的微分几何学中，物体的形状被进行了非常精细的分类。

举例来说，球体、圆锥体、圆柱体被定义为三种不同的图形。即便是同为圆锥体，只要高度或半径稍有差异，也会被视为完全不同的图形。在微分几何学中，如果距离（长度）或角度有所不同，形状就会被认为不一样，这就是所谓的“固化数学”。

图 3-3　在微分几何学中，这些图形被视为不同的形状

顺便一提，我们在学校中学习的“形状”的概念，正是基于微分几何学。

但是，在被称为“柔性数学”的拓扑学里，球体、圆锥体、圆柱体都被视为相同的形状。在这个领域中，不会因为圆锥体的高度或半径存在差异，就将它们区别对待。

波埃纳鲁博士享用完甜甜圈后，又一口气喝掉一杯红茶，然后才开始切入正题。大家的目光集中在面前的桌子上，桌上摆放着茶杯、装甜甜圈的盘子、勺子以及茶壶。

“各位，在古典数学的视角中，桌子上的这些物品会被视为完全不同的图形，但是在拓扑学中它们会是什么情况呢？现在我们试着从拓扑学的角度出发，给这些物品重新分类。”

博士环视了一圈，继续说道:“大家注意看。首先，勺子、盘子和茶壶的盖子实际上是同一种形状。茶杯与我刚才吃掉的甜甜圈也是同一种形状。而茶壶的壶身则是另一种形状。接下来，我将为大家演示为何如此。”

话音刚落，博士开始动手，将桌上的物品像黏土一样捏成各种其他的形状。盘子、勺子以及茶壶的盖子，最终变成浑圆的球体。茶杯则以把手的中空部分为中心，变形成了一个甜甜圈的形状。而茶壶的壶身，竟然变成了一个带有两个圆孔的甜甜圈（图 3-4）。

“看到了吗?”博士提高了音调，兴奋地说道，“庞加莱的理论主张不要关注形状上的细微差异，如果两个物体的孔的数量相同，它们就可以被视为相同的形状。在拓扑学中，孔的数量才是至关重要的。”

说到这里，博士突然停了下来，皱起眉头盯着茶壶盖子。

“哦，刚才的说明中有个错误!”他笑着补充道，“我没注意到这个茶壶盖子上还有一个小孔。所以，这个盖子实际上与茶杯和甜甜圈是相同的形状。”

“如果说古典数学像坚硬的钢铁，那么拓扑学就如同可以随意伸缩的橡胶。过去的几何学关注的是物体的‘量’，而拓扑学则转而探索物体的‘质’。这可以说是一场真正的革命。

“试想，如果我们闭上眼睛，仅凭手的触感去辨别物体的形状，会是什么样的体验？假设这里有两个设计完全相同、仅仅大小稍有差别的茶杯，仅靠触摸，几乎无法感知它们的区别。但是，如果其中一个茶杯的把手被去掉，那么区别立刻显现：一只茶杯可以用手指勾住，而另一只却不能。

“在拓扑学中，如果以物体的‘孔’作为判定形状的依据，那么只需触摸一下就能知道，甜甜圈和茶杯是相同的形状，而茶碗（没有把手）与茶杯却完全不同。

“当然，这只是一个相对粗略的解释。不过，庞加莱正是通过这种构想，成功捕捉到了物体形状的本质，从而开辟了全新的数学领域。”

桌子上的茶杯已经不见踪影，取而代之的是一个白色的甜甜圈。博士拿起甜甜圈，将眼睛凑到圆孔前向外窥视，脸上浮现出一丝恶作剧般的笑容。

“各位，”他愉快地说道，“如果用拓扑学的视角来看这个世界，你会发现眼前的景色将焕然一新。”

我们随后从博士手中接过这个“被赋予了魔法”的甜甜圈，通过它的圆孔眺望巴黎的著名景点，在想象中把这些地标变幻为甜甜圈或球体的形状。这个游戏让我们乐在其中。

或许，你也可以用这只奇妙的“魔法甜甜圈”观察身边的世界，可能会有意想不到的发现。

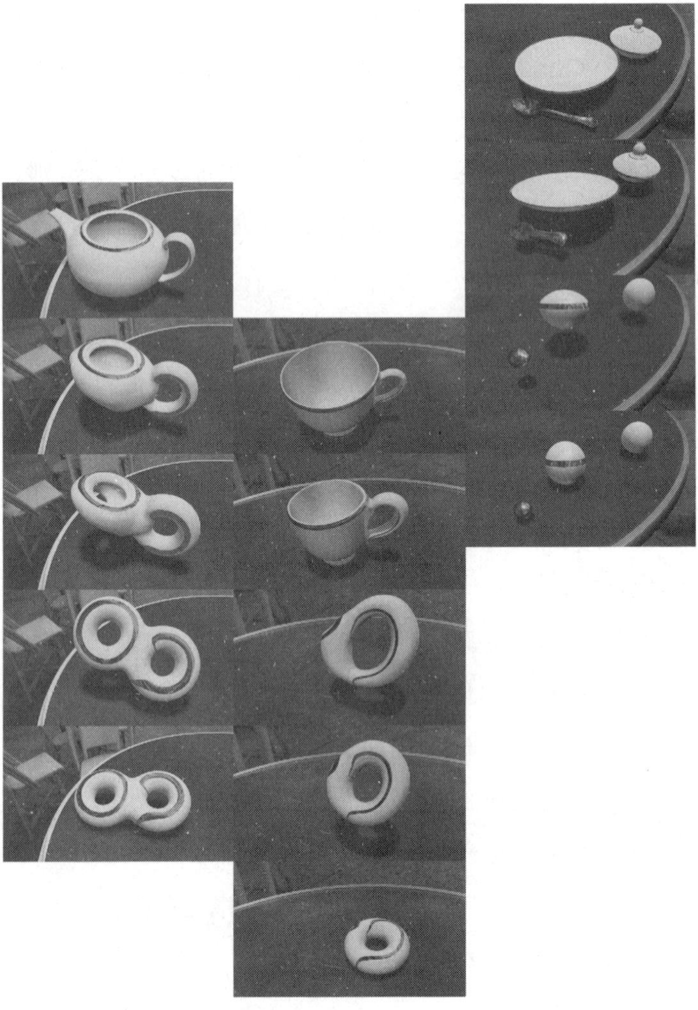

图 3-4　用拓扑学对桌上的餐具进行重新分类

图3-5　从拓扑学的视角观察街道

庞加莱猜想之噩梦

这里需要补充说明的是，瓦伦丁·波埃纳鲁博士是一位研究拓扑学（位置分析学）的数学家。他于1932年出生在罗马尼亚，1962年流亡至法国，之后曾前往美国留学，归来后担任法国第十一大学教授。在过去的五十年间，他始终致力于庞加莱猜想的研究，即使如今已76岁高龄，依然精力充沛地在世界各地举办讲座和科普活动。关于庞加莱猜想这一话题，我们特意采访了这位德高望重的学者。

记者："当您听到佩雷尔曼博士证明了庞加莱猜想时，您是什么样的心情？"

波埃纳鲁博士："听说他已经完成证明的消息时，我感到极为震撼，甚至在整整三周的时间里，我什么事情也没法做。是朋友们不断的鼓励和支持，让我逐渐恢复了平静。那时，我下定决心不再去想佩雷尔曼博士做了什么，而是继续专注于自己的研究项目。"

记者："您最初是如何接触到庞加莱猜想的？"

波埃纳鲁博士："这一切的开始，是一本我偶然读到的书。那本书是由两位德国数学家赫伯特·塞弗特（Herbert Seifert）和威廉·思雷福尔（Willam Threlfall）共同撰写的《拓扑学》[1]，书中对庞加莱猜想

① *Lehrbuch der Topologie*，1934年出版。

进行了详细探讨。据我所知，至少有十几位数学家表示，他们是通过这本书才开始了解庞加莱猜想的。希腊数学家赫里斯托斯·帕帕基里亚科普洛斯（Christos Papakyriakopoulos）也可能是其中之一。”

记者：“庞加莱猜想究竟有什么样的魅力？”

波埃纳鲁博士：“现在，大家对庞加莱猜想的重要性已经有了充分认识，但数十年前，当我第一次接触到这个猜想时，是凭借自己的直觉，在那一瞬间感觉到‘这个猜想毫无疑问是一个非常重要的问题’。

“坦率地说，我认为庞加莱本人当初并未把这个猜想当作重要问题。实际上，他的学生们也未能认识到其价值。直到三十年后，人们才开始对庞加莱猜想表现出浓厚的兴趣。那时，比较著名的研究学者是 20 世纪 30 年代的数学家亨利·怀特黑德（Henry Whitehead）和阿道夫·赫尔维茨（Adolf Hurwitz）。他们较早认识到，庞加莱猜想是一个本质性的、具有深远意义的重要问题。

代数学的表述，通常比几何学更加粗略。庞加莱猜想中就包含了这样的疑问：代数学是否具备足够的能力，能够涵盖几何学中丰富多样的变化？实际上，庞加莱猜想已经在某种程度上，对此给出了肯定的回答。但是，如果把庞加莱猜想仅仅看作这样一个数学小问题，那么只需要证明其正确性，问题就算结束了。然而，庞加莱猜想不仅是数学问题，它还将爱因斯坦的广义相对论、量子力学以及其他学科联系在一起，这正是其令人着迷的原因。

波埃纳鲁博士这次用数学的方式为我们解释了庞加莱猜想的重

要性，但是理解起来还是比较困难的。也许这正是在上一次课程中，博士选择以宇宙为背景来向学生们讲述庞加莱猜想的原因吧。

1912 年，提出庞加莱猜想八年后，亨利·庞加莱不幸去世，享年 58 岁。这位被誉为与列奥纳多·达·芬奇和牛顿齐名的“知识巨人”，最终未能解开自己提出的这个难题。

据波埃纳鲁博士介绍，庞加莱在他的论文最后写下了一段令人深思的话：mais cette question nous entraînerait trop loin（这个问题必将引领我们到达那遥远的世界）。

庞加莱猜想是关于宇宙形状的问题，这对 20 世纪初的数学家来说，可能显得过于超前。直到 20 世纪 50 年代，学者们才开始真正着手挑战这个问题。这时，距离庞加莱最初提出该猜想，已经过去了将近半个世纪。

第 4 章

20 世纪 50 年代
被“白鲸”吞食的数学家们

来自希腊的苦行僧

美国新泽西州，绿意盎然的树林中，一座简约而优雅的建筑映入眼帘，宛如一座小教堂。这便是普林斯顿高等研究院所在地，被誉为数学与物理学理论研究的“知识殿堂”。自 1930 年创立以来，这里云集了众多顶尖学者，包括阿尔伯特·爱因斯坦、不完全性定理[①]的提出者库尔特·哥德尔（Kurt Gödel），以及日本理论物理学家汤川秀树、朝永振一郎，他们都曾经在此共同探讨新的学术理论。

20 世纪 50 年代，第二次世界大战刚刚结束，普林斯顿高等研究院和同地区的普林斯顿大学成为“新数学”拓扑学的研究圣地。在这个时代，亨利·怀特黑德、拉尔夫·福克斯（Ralph Fox）、所罗门·莱夫谢茨（Solomon Lefschetz）等知名拓扑学研究者声名鹊起，

① 哥德尔不完全性定理
库尔特·哥德尔（1906—1978）于 1931 年发表的在数学基础理论及逻辑学领域的重要定律，揭示了数学无法证明自身的无矛盾性。具体来说，该定律包括以下两个定理。

- 第一不完全定理
任意一个包含一阶谓词逻辑与初等数论的形式系统，都存在一个命题，它在这个系统中既不能被证明也不能被否定。
- 第二不完全定理
任何无矛盾的形式体系都不能用于证明它本身的无矛盾性。

这个定理揭示了数学中存在无法被证明的命题，这对数学界造成了极大的冲击。尽管德国数学家大卫·希尔伯特（David Hilbert，1862—1943）曾乐观地宣称：“不久的将来，在有限条件下，无矛盾性、完全性是能够被证明的。”然而，哥德尔不完全性定理打破了这一预期，使许多数学家陷入对数学基础不确定性的深深忧虑，甚至因此彻夜难眠。

而其中有一位占据了特殊位置的研究者，他就是来自希腊的数学家赫里斯托斯·帕帕基里亚科普洛斯（1914—1976）。

1948 年，帕帕基里亚科普洛斯带着破解庞加莱猜想的雄心，离开因战乱而满目疮痍的祖国希腊，远渡重洋来到美国。20 世纪 50 年代中期，他成功证明了三个对破解庞加莱猜想至关重要的定理。这其中，他关于“德恩引理”（Dehn's Lemma）[①] 的论文尤为著名，以其精妙的证明方法赢得了极高的评价。

当时，许多人都坚信，首个成功证明庞加莱猜想的人必定会是“帕帕”。“帕帕”是数学家同仁们给他起的爱称，因为他的名字太长了。

图 4-1　普林斯顿高等研究院与数学家帕帕基里亚科普洛斯

① 1910 年德国数学家马克斯·德恩（Max Dehn）发表了这一引理：如果边界上的闭曲线能够在内部收缩到一点，那么这个闭曲线就成为圆盘的边界。

即使抛开庞加莱猜想相关的研究，帕帕在校园中也是一个非常有名的人物。这份名气更多来源于他对时间的严格管理。他每天早上八点准时出现在餐厅吃早餐，八点半开始研究工作。十一点半进餐厅吃午餐，十二点半继续工作。下午三点，他会准时出现在公共休息室喝下午茶，而到了下午四点，他又会回到办公室继续埋头研究。

当时就读于普林斯顿大学研究生院的西尔万·卡佩尔（Sylvain Cappell）博士（现任纽约大学教授）告诉我们，那时候每天早上上学时，他都能在同样的地方看到帕帕的身影。

“每天早晨，帕帕都会沿着这条小路步行前往数学系的那栋楼，他经过这里的时间总是接近早上八点，精准得让人可以用来校准手表。他总是随身携带一个小巧的棕色公文包，里面装着他的研究资料，内容绝对保密。他经常边走边自言自语，手势生动、表情丰富，仿佛灵感瞬间迸发，然后抓住念头一边走一边与自己展开讨论。他的生活规律得近乎机械化。据我所知，他将自己所有的时间都投入到数学，尤其是拓扑学的研究中。他为了证明庞加莱猜想，几乎放弃了一切其他事情。”

当时，普林斯顿大学曾邀请帕帕担任教授，并给出了破格的待遇，只需要他每周承担三小时的教学任务。然而，帕帕婉拒了这一邀请，他表示自己只想作为研究员，专心致志地攻克庞加莱猜想。这种选择使得他与周围的人渐行渐远。他在研究院附近租了一间公寓后，几乎完全沉浸在与庞加莱猜想的“战斗”中，即使是休息日也足不出户。

总是独自一人生活的帕帕，不知何时开始被人们称为“苦行僧”。

“上午的时候他几乎从不与人交谈，午餐也是独自一人。有时，我或者其他年轻学生曾尝试靠近他，与他共进午餐，但他似乎不喜欢被打扰，总是匆匆吃完后立即返回研究室。

“他的责任感非常强。这个社会给他支付工资，又发放研究费用支持他的工作，他觉得这是一种恩惠。而且，他不用承担教授的工作，也不需要教育学生或处理日常琐事，他把这些看成是学校给予自己的特权。因此，他认为自己必须投入全部精力攻克这个伟大的问题，直到最终解决它。”

当时也在研究拓扑学的卡佩尔博士，是为数不多的与帕帕关系亲近的年轻人之一。他回忆说：

“当时我年纪尚轻，和他的年龄差异如同父子，那时候的我无忧无虑，毫无顾忌。也许正因如此，他心情好的时候偶尔会主动和我搭话。”

帕帕唯一会在人前露面的时间，就是每天的下午茶时间。当时，在普林斯顿大学有个传统，大家每天下午三点聚集在公共休息室喝茶、聊天。无论是数学家、物理学家还是历史学家，各领域的研究者都会聚在一起，畅谈最新的研究成果。帕帕在下午茶会上的行为模式则每次都一成不变，毫厘不差。

图 4-2　生活规律得近乎机械化的帕帕

“他会在下午三点整准时来到休息室，坐在靠近暖炉的同一把椅子上，开始阅读《纽约时报》。读完后，他会把报纸整齐地放回桌子上，方便其他人取阅，然后稍微喝点茶，简短地参与大家的讨论。如果有人靠近，他也会回应，但从不谈论自己的事情。他甚至不愿让别人知道自己刚才读的是报纸的哪一部分。这或许是因为他希望周围的人不要打扰自己，这样他就能专注于一个问题点上。”

对于帕帕的这种有些极端的隐私保护主义，就连和他较为亲近的卡佩尔博士也感到惊讶。

“帕帕把论文的原稿锁在抽屉里。有一次，他稍微打开了一点抽屉，让我看了一眼，但马上又迅速合上了。我觉得他这种不愿与人讨论、不愿分享研究的做法太孤僻了。要知道，数学研究生活中的一大乐趣，正是与他人分享和讨论。”

来自德国的年轻的对手

帕帕并不总是沉默孤僻的。卡佩尔博士提到，有一次在下午茶时间，帕帕的眼睛熠熠发光，显得异常兴奋。这是因为，当时公共休息室里来了一位年轻的数学家，而这个人恰好也在研究庞加莱猜想。

“得知这位访客的研究领域与自己相同时，帕帕非常激动。他决定邀请这位数学家一起共进午餐，不过他没有亲自邀请，而是让我代为传达邀请。午餐地点被安排在普林斯顿高等研究院的自助餐厅。尽管那里的环境并不像适合接待客人的场所，但对帕帕来说，这已经是一个非常正式的地方了。”

当时，受到帕帕成功解决“德恩引理”的启发，有不少年轻数学家来到普林斯顿，试图以此为基础，挑战庞加莱猜想的证明。来自德国的沃尔夫冈·哈肯博士也是其中一员。

提到哈肯博士，许多人可能会立刻想到他解决了世界著名难题“四色定理”的辉煌成就。1852 年，弗朗西斯·格思里（Francis Guthrie）提出了一个命题：世界上任何一张地图，只需要四种颜色就可以确保相邻的区域颜色不同。然而，这一命题的数学证明在之后的一个多世纪里始终未能完成。直到 1976 年，哈肯博士与肯尼思·阿佩尔（Kenneth Appel）博士使用当时仍属罕见的电子计算机[①]，正式宣布证明了四色定理。但是，当时这一结果引发了激烈的争议。人们质疑，使用“计算机”这一黑匣子得出的证明是否完全可靠？这样一个无法完全由人类亲自检查的庞大证明，能否被数学界认可？这些问题在当时引起了数学界的广泛讨论。

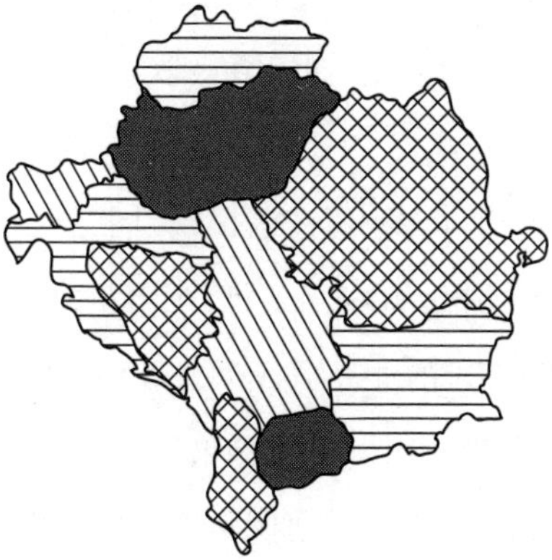

图 4-3　四色定理

无论如何，当哈肯博士来到普林斯顿高等研究院时，他还是一名年轻的拓扑学研究者。一边是被誉为“最接近庞加莱猜想的人”的帕帕，另一边是奋力追赶他的哈肯博士。很快，这两位数学家之间展开了激烈的较量。

2007 年 7 月的一个星期天早晨，我们来到美国芝加哥市郊，拜访了沃尔夫冈·哈肯博士。当时博士家里闹得就像捅了马蜂窝

① 这种电子计算机不同于之后被称为“电脑”的现代计算机。

一般，原来是住在附近的孙辈们都来玩了。有的孩子缠着博士陪他玩扑克牌，有的拉着博士听他拉小提琴，还有的在院子里喊着要玩蹦床。孩子们的要求一个接一个，博士忙得团团转，显得有些手足无措。

哈肯博士早在十年前便从伊利诺伊大学退休，现在他在家中继续数学研究。他有一子两女和八个孙辈，谈话中他多次感叹道："现在不用被时间追赶，能把精力集中在数学上，我觉得这是人生中最幸福的阶段。"

博士带我们走进了二楼的书房。书桌上摆放着一个巨大的宇宙仪，还有一台带显示器的台式计算机。计算机的屏幕上不断弹出计算结果，显然博士目前的研究仍与计算机密不可分。

实际上，哈肯博士曾计划过，如果佩雷尔曼的庞加莱猜想证明失败，他就反过来尝试证明"庞加莱猜想是错误的"。

在数学中，证明一个命题为"真"（正确），需要建立一个完备无漏洞的逻辑结构，能在任何情况下成立。但是，如果要证明一个命题为"伪"（错误），只需找到一个反例，展示其逻辑上的错误即可。博士的构想是，如果庞加莱猜想是错误的，那么让计算机进行海量运算，运气好的话或许能发现一个反例。

"我完全没有想到佩雷尔曼的证明能够成功。当时，我犹豫着是否要用计算机重新开始我的庞加莱猜想研究。现在回想起来，幸好那时迟迟没有下定决心，因为如今我们已经知道庞加莱猜想是正确的。多亏当初的犹豫，我才没有把时间浪费在无意义的研究上。"

如今，庞加莱猜想已经被确认是一个正确的命题。哈肯博士庆幸自己的好运，这一次他没有再次陷入过去那样的泥沼，而是能够全身而退。

打开书房里的柜子，我们看到了堆积如山的旧论文，这几乎涵盖了哈肯博士近五十年的心血。博士逐一指着这些论文的标题给我们看，几乎全都与庞加莱猜想有关。

“这篇论文是第三次追加发表的成果。因为证明的关键部分一直没有实质性的进展，所以我只能先将部分内容单独发表。之后的几年，我陆续发表了其他几篇论文，当时我真的觉得自己已经非常接近庞加莱猜想的核心了。当然，最终这些证明还是错误的……”

哈肯博士第一次接触庞加莱猜想是在大学时期。起初，他以为这只是一个很简单的问题，但很快他就发现，这个猜想如同无底深渊，一旦投身其中，便再也无法脱身。

“刚看到庞加莱猜想时，我觉得它看上去非常简单，以至于我认为无法证明它的原因，要么是我太笨，要么是我不够努力。现在回想起来，只能说当时的我真是太年轻、太天真了……

“回想起来，其实四色定理的研究也有类似的过程。20 世纪初，德国著名数学家赫尔曼·闵可夫斯基（Hermann Minkowski）听说了四色定理的传言，认为‘这么简单的问题之所以没有被证明，一定是因为还没有一流的数学家参与研究’。于是，他开始亲自着手研究四色定理。

“那个时候，哥德尔不完全性定理还没有出现，所以人们根本没有‘数学中可能存在无法证明的命题’这样的概念。闵可夫斯基当时觉得，问题的解决应该很简单，只是研究者的思维受到了干扰，无法找到清晰的解法。然而，他经过一年多的研究后最终放弃，并感叹道：‘或许是上帝不想让我们继续研究下去了吧。’

“作为数学家，要想取得成功，在某种意义上必须保持极大的乐观。但即使是最出色的乐观主义者，有时候也可能陷入巨大的错误之中。”

图 4-4　沃尔夫冈·哈肯博士

无声的对决

当时，有一个共同问题困扰着哈肯博士和帕帕，即在宇宙空间中那根绳子打结的点。收回环绕宇宙一圈的绳子时，绳子在宇宙中复杂地缠绕在一起就会打结，形成结扣。如果不解决结扣的问题，就无法证明庞加莱猜想。然而，无论是哈肯博士还是帕帕，都始终找不到合适的解决方法。

在哈肯博士的形容中，“所谓庞加莱猜想的陷阱，就是这样一个过程。刚开始，证明的 98% 看似轻而易举，但总是在最后一步失败。你往往会想到其他可能的解决思路，于是立即投入新的研究。但当你发现这个新思路行不通时，又会涌现新的点子。就这样，精神被不断地搅乱，逐渐深陷其中不可自拔。最初的希望最终被绝望取代，让人变得越来越难以抑制自己的怒火。”

有一次，帕帕难得邀请卡佩尔博士一起吃饭。当时，他显得非常兴奋，还对卡佩尔博士说道：“我的工作取得了重大进展，虽然还没有完全证明庞加莱猜想，但我已经非常接近成功了。”然而，几个月后，当卡佩尔博士在大学里再次见到他时，他却完全没有提及研究进展的事情。很可能，他在证明中发现了某些致命的缺陷。从那以后，帕帕开始闭门不出，很少出现在公众面前。

那段时间里，看电影是帕帕唯一的消遣活动，这还是他的主治医生给他的建议。医生劝他最好偶尔远离数学，接触一下数学以外的其他世界。帕帕是极为认真的人，他听从了医生的建议，每周都会固定去普林斯顿大学附近的电影院看一次电影。

“他会在每周固定的时间去电影院，总是坐在最后一排。他对电影的内容毫不在意，无论是儿童片、喜剧片还是色情片，他都照看不误。对于他来说，这似乎是他生活中唯一不涉及数学的活动。”

然而，就在这期间，一件令人震惊的事情发生了。哈肯博士宣布，他已经证明了庞加莱猜想！这一消息让帕帕内心深受冲击。

卡佩尔博士告诉我们：“当时，帕帕非常焦虑。他一直被称为‘最接近庞加莱猜想的人’，这种荣耀和周围的期待使他陷入一种偏执的心理。他认为自己必须在所有人之前完成这个命题的证明。”

图 4-5　西尔万·卡佩尔博士

与此同时，各大数学杂志陆续得知该消息，纷纷向哈肯博士发出询问。

“我的那篇论文确实很出色，几乎所有人都以为我已经成功证明了庞加莱猜想。一些顶级杂志甚至直接邀请我发表论文，并且表示可以跳过审查环节。也许是因为传闻中大家都相信我的证明是正确的，所以他们判断直接刊登也没有问题吧。不过，幸好当时我答复他们：‘不行，我认为论文仍有可能存在错误，我希望能够让其他学者先审查这篇论文。’”

事实证明，谨慎是必要的。就在提交论文的两天前，哈肯博士发现论文中存在一个重大错误，于是及时撤回了自己的证明，避免了一场灾难。然而，这短短几天内发生的事，却给他那位严谨的竞争对手帕帕带去了极大的心理冲击。

“证明在最后一刻崩溃，这真是一件非常丢脸的事情。”哈肯博士承认，“不过，这个错误是我自己发现，而不是被别人指出的，这让我稍微保住了一点颜面。尽管如此，帕帕基里亚科普洛斯依然连续三个晚上难以入睡。他非常愤怒，认为我急于求成以至仓促发表论文。在这一点上，我完全无法反驳他。”

这次失败让哈肯博士也陷入了困境。他因为急于修正论文中的错误而患上了暴食症，未能完成证明的焦虑也使他经常与周围的人发生矛盾。最终，哈肯博士开始转变想法，他坚信庞加莱猜想本身就是错误的。

“我当时在想，我曾认为自己已经完成了庞加莱猜想证明的

98%，但事实并非如此，甚至可能连门槛都没有摸到。毕竟，我的研究仅举出了一些非常简单的特殊例子，却连这些例子都无法证明正确性。因此，我决定系统地去寻找反例。”

所谓反例，就是假设一根绳子环绕宇宙一圈后能够成功收回，但这并不一定意味着宇宙是球形的。哈肯博士利用当时尚未普及的电子计算机，开始研究是否存在“非球形的宇宙中绳子仍可收回”的反例。

有一天，哈肯博士向帕帕透露了自己的想法。

“当我说‘庞加莱猜想可能是错误的命题’时，帕帕的脸色变得前所未有的难看。因为对他而言，如果这个命题被证明是错误的，那么整个世界对他来说将变得毫无意义。他对庞加莱猜想怀有一种类似宗教信仰般坚定的信念，而我的这句话无疑击碎了他的全部信仰，这对他来说是非常恐怖的。”

自那次交流之后，帕帕对哈肯博士的研究变得过度警惕。卡佩尔博士回忆起一次与帕帕一同听哈肯博士讲座的情景，当时帕帕的脸涨得通红，显得十分焦躁不安。

“那次讲座中，哈肯博士介绍了利用计算机解决复杂数学问题的想法。帕帕听后明显非常生气，我试图劝他：‘别这么激动，哈肯博士并没有针对庞加莱猜想发表任何意见，你完全不用担心。’然而，他并没有听进去，反而滔滔不绝地对我说：‘你难道看不出来他们的真正意图吗？哈肯博士他们想要说服数学界相信，用计算机解决那些伟大的数学难题是可能的。或许下周他们就会宣布，已经用计算

机证明了庞加莱猜想。如果我们现在接受这种观念，到那时还能提出反驳吗？他们绝对是在混淆视听。’

“一周后，我在公共休息室里看到了帕帕，他坐在自己惯常的位置上，显得平静许多。我问他：‘现在不担心有人用计算机解开庞加莱猜想了吗？’他很冷静地回答我：‘我当然担心，但周末的时候我认真思考了一下，我相信数学有自我防御的能力。’

“帕帕始终坚信数学的深奥与力量。他认为数学是人类智慧历经漫长时间积累的结晶，在某种意义上，数学本身就有生命蕴含其中。”

卡佩尔博士还记得，那个时期帕帕向他坦白了一些往事。

“当时为什么会聊到那个话题，我已经记不清了。有一次，他对我说：‘年轻时，我在希腊有个恋人，但因为父母反对，我们最终分手了。来到美国后，我觉得必须将自己的一切奉献给这道闻名于世的伟大命题，它已经成为我的生活重心。’然后他补充道：‘如果有一天我能够解开这个难题，我或许会回到祖国，寻找一位适合自己的伴侣，共度余生。为了这个目标，我必须尽快证明庞加莱猜想。’

“这番话令我深受震撼。在我的印象中，帕帕一直是一位个性独特的人，沉浸在完全专注于庞加莱猜想的生活中。但他也曾像普通人一样感受过爱，也有过普通人的烦恼。他也有家人，也曾担心父母对自己恋爱关系的干涉。而这些感情，他始终深藏在心底，从未表露。

“虽然帕帕是一位决心将一生奉献给特定研究方向的独特研究者，但我终于意识到，他并非缺乏人类的正常情感。如果他选择了另一种人生，一定能够给一位女士幸福。”

一位是倾尽一生，试图证明“庞加莱猜想正确”的人；另一位则是利用最新技术，试图确认“庞加莱猜想错误”的人。这两位道路截然不同的“宿敌”之间的较量，却以意外的方式戛然而止。

帕帕患上了胃癌，离开了人世。

在帕帕的公寓里，人们发现了一本遗稿，约 160 页。这似乎是一本关于三维宇宙的书的草稿。在草稿的某一章中，标题写着“庞加莱猜想的证明”，但从那之后，所有的页面都是空白的。

希腊的一本畅销小说《彼得罗斯叔叔与哥德巴赫猜想》(*Uncle Petros and Goldbach's conjecture*)，正是以帕帕基里亚科普洛斯博士为原型创作的。这部小说的作者阿波斯托洛斯·佐克西亚季斯(Apostolos Doxiadis)，不仅是一位小说家，同时也是一位数学家。

小说中，彼得罗斯是一位年迈的数学家，曾被誉为天才。有一天，一位年轻人拜访了彼得罗斯，他是彼得罗斯的外甥，并向彼得罗斯表达了自己的志向：“我也想成为一名数学家。”彼得罗斯却给外甥出了一道题，并说道：

“如果你能解开这道题，那你可以继续追求数学家的道路；但如果解不开，就趁早放弃这个念头。”

外甥以为这是道简单的问题，满怀信心地接下挑战。但他费尽心思，始终无法找到答案。最终，他遵守与彼得罗斯的约定，放弃了成为数学家的梦想。然而，数年后，他得知当年的那道问题竟是一个至今无人攻克的世纪难题。他感到极大的愤怒，激烈地斥责彼得罗斯。而那道题，也正是天才数学家彼得罗斯一生都未能解开的难题。

在故事的结尾，彼得罗斯陷入疯狂，在幻想自己解开难题的幻觉中离世。实际上，他当初给外甥出这道题，是为了向他传递一个警示：数学的世界里潜伏着极其危险的“魔兽”，足以让人迷失自我。

哈肯博士回忆说：“与庞加莱猜想的战斗，也是一种随时可能让人‘走火入魔’的经历。”而让哈肯博士能够勉强保持理智的，正是家人一些若无其事却意味深长的话。

“家里人都叫我‘庞加莱病患者’，孩子们甚至会说‘爸爸现在得了庞加莱病，没法说话了’。正是这些戏谑和调侃，才让我没有越陷越深。如果当时家人对我说‘爸爸的研究是人类历史上极其重要的工作’之类的话，那结果一定会很可怕。是我的家人，把我从那个深渊中拉回到了正常的世界。”

最终，哈肯博士成功地摆脱了“庞加莱病”。他中断了对庞加莱猜想的研究，转而攻克了另一个难题。

“我曾经长时间专注于庞加莱猜想的研究，但后来终于意识到，我的研究方法已经走入了死胡同，再也无法顺利推进了。就在这个时候，德国数学家海因里希·黑施（Heinrich Heesch）联系了我，邀请我尝试解决四色问题。他提到，我之前向他建议的一个关于计算机设置的小改动，大幅提升了运算效率，使其达到了原来的 20 倍。这让我感慨不已：‘太不可思议了！相比在庞加莱猜想上苦苦耗费一年时间，在四色问题上只用了一天的时间，甚至只是愉快地度过一个下午，就取得了这么大的进展!’当时，我内心萌生了一个念头：或许我可以重新开始。

“最终，我在庞加莱猜想的研究中陷入了绝望的深渊，而四色问题的成功让我得以摆脱庞加莱猜想的阴影。我庆幸自己没有完全被‘庞加莱病’拖垮，而是成功地恢复了过来。”

哈肯博士在四色问题上的突破，发生在帕帕去世仅仅一个月后。

摆脱“庞加莱病”，需要一个新的难题。这样看来，数学家始终没有能够摆脱“继续挑战难题”这种病。

在探访这两位数学家的故事之后，我们来到普林斯顿大学的公墓。据说，帕帕基里亚科普洛斯博士可能被安葬于此。然而，这里并没有相关的下葬记录。帕帕在美国没有亲属，也没有举行葬礼。即便是与他交好的数学家们，也不知道他的墓地究竟在哪里。

帕帕的一生是否真的充满不幸？对此，卡佩尔博士给出了否定的回答：

“帕帕生前曾多次对我说，他从未想过要将自己的人生方式推荐给他人，但他自己对此感到满意。我非常理解他的心情。数学家为难题所吸引，对难题情有独钟的情感是普遍存在的。

“数学家的生活，常常是在‘苦乐交织的现实世界’与那个特别的‘数学世界’之间来回穿梭。能够打开‘数学世界’大门的人寥寥无几，但‘数学世界’中存在着永恒的真理。只有完全理解这些真理的人，才能目睹那里的完美与纯粹的美。这种美好就如同一个晶莹剔透的水晶迷宫。迷宫的墙壁反射出夺目的光芒，使数学家们深深着迷，不知不觉地沉浸其中。

“帕帕超越了大多数的数学家，他选择将自己一生中的大部分时间留在了‘另一个世界’。他只是偶尔为了饮食才返回现实世界……在那个世界中，他找到了最珍贵的宝物——庞加莱猜想。他本想将那纯粹而极致的美记录下来、描述出来，可惜未能如愿。然而，这样的遗憾在科学世界里并不罕见。”

某位年迈数学家的述怀

20 世纪 50 年代到 60 年代，迷恋庞加莱猜想的数学家远不止帕帕和哈肯博士两人。当时任职于普林斯顿高等研究院的教授迪恩·蒙哥马利（Deane Montgomery）博士曾提到，有一个周末他接连收到三位数学家的私密请求："我解开了庞加莱猜想，请暂时替我保密。"随后，为验证这些声明的真伪，蒙哥马利博士花费了大量心力。

无数的数学家被庞加莱猜想的"魔力"所吸引，他们的人生轨迹也发生了翻天覆地的变化。

在美国西海岸俯瞰太平洋的城市伯克利，居住着另一位与庞加莱猜想"较量"了大半生的数学家——约翰·斯托林斯（John Stallings）博士。如今已 72 岁高龄的他，依然难以完全接受佩雷尔曼的证明。

"我并不认为佩雷尔曼的证明就完全正确。"

斯托林斯博士粗声说道。他对庞加莱猜想已被解决的消息持怀疑态度。

"过去的事我都忘了，现在我不谈数学，只弹钢琴。"

斯托林斯博士多次以此回绝采访请求。最终，我们只说服他同意拍摄一段钢琴演奏视频。但博士表示，由于家中过于凌乱，演奏需要移步到他曾任教的加州大学伯克利分校。

图 4-6　约翰 · 斯托林斯博士

暑假期间的校园中几乎看不到学生的踪影。斯托林斯博士穿着牛仔裤和运动鞋，背着一个双肩包，远看更像是一名学生，而非数年前曾在此执教的教授。然而，对于患有重度糖尿病的他而言，每迈出一步都是一种暗藏危机的挑战。

获得音乐系的许可后，我们走进了一间练习室。博士坐到钢琴前，从双肩包里拿出一本破旧的乐谱，封面写着“勃拉姆斯，Op.10”。他开始演奏。音乐悲壮而深沉，却又不时流露出如阳光穿过树影般柔和的旋律。望着博士那专注而安然的神情，我们逐渐沉浸其中。忽然，他在键盘上飞舞的手戛然而止。

“不知道庞加莱本人是否意识到，他的这个猜想让那么多数学家都失败了。”

斯托林斯博士低声说道，目光中透着一丝感慨。

“无数的数学家追随庞加莱的预言，最终达了某个难以言喻的神奇世界。”

博士随后轻声念出庞加莱在他论文末尾处留下那句话：

“Mais cette question nous entraînerait trop loin（这个问题必将引领我们到达那遥远的世界）。”

“给你们看一篇有趣的论文吧。”

演奏结束后，博士从双肩包中取出一本论文集，显然是为这次采访特意准备的。他翻开其中的一篇文章，题目是《证明庞加莱猜想的失败之路》（*How Not to Prove the Poincaré Conjecture*）。

这篇论文发表于20世纪30年代，论文中详细记录了许多挑战庞加莱猜想的数学家共同面对的无尽恐惧。斯托林斯博士为我们朗读了一段：

“尽管错误显而易见，但他们却无法察觉证明中的漏洞。原因要么是过度自信与兴奋，要么是对失败的恐惧干扰了正常思考。衷心祈祷未来的年轻数学家能找到避免这些陷阱的方法。”

庞加莱猜想这道充满魔幻魅力的世纪难题，可以比作1851年赫尔曼·梅尔维尔（Herman Melville）创作的小说《白鲸》中的巨大白鲸——莫比·迪克。在这部小说中，亚哈船长（亚哈船长的一条腿被莫比·迪克咬掉，之后用假肢代替，自此他执着于复仇）与船员们堵上性命来追捕莫比·迪克，最终却葬身于茫茫大海之中。

斯托林斯博士，更像是那名幸存的叙述者伊什梅尔。他年轻时，庞加莱猜想或许是他心中必须猎取的目标，但随着岁月流逝，这个目标逐渐变成了一头不可战胜的“魔兽”。

庞加莱猜想的挑战仍将继续，而下一代数学家注定会接过这场“追逐”的接力棒，前赴后继，追寻着那个“遥远的世界”。

第 5 章

20 世纪 60 年代
忘掉古典来摇滚吧

席卷时代的数学之王——拓扑学

庞加莱猜想，这一世纪难题犹如一座巍峨的高山。即使数学家倾尽一生，也难以接近其真相，无数名声显赫的数学家折戟于此。然而，正因其挑战性，这个难题的声名日益响亮，被其魅力吸引的新挑战者又接踵而至。

与庞加莱猜想同时诞生的一个全新数学分支——拓扑学，自 20 世纪 60 年代以来也逐渐吸引了大量年轻数学家的目光。从拓扑学中，又衍生出了许多极具创新性和吸引力的研究分支，比如纽结理论（Knot Theory）①、图论（Graph Theory）②、不动点定理（Fixed-point Theorem）③和纤维丛（Fiber Bundle）④。这些分支的名字听起来似乎不

① 纽结理论，用数学的方式来描述绳结并研究其性质的理论，主要应用于低维拓扑学（一维至三维）。此外，纽结理论还被用于解析 DNA 和分子晶体的结构。

② 图论，研究由若干点及连接这些点的线所构成图形的各种性质的数学领域。例如地铁线路图就是一个典型的“图”，它仅关心各站点的连接方式，而与车站的形状、线路长度或弯曲程度无关。

③ 不动点定理，其主要内容是，当物体在没有孔的图形上流动时，必定会有一个或多个点停止流动（即不动点）。例如，在浴缸中搅动水流时，涡流的中心就会出现一个不动点；台风的风眼也具有类似性质。不动点定理通过数学方法解释了这些现象。

④ 纤维丛，指一种定义在拓扑空间中的结构。一个纤维丛在局部上看起来是两个空间的直积（笛卡儿积），但是整体可以有与直积空间不同的拓扑结构。

像数学，但它们却引领了数学研究的新方向。

在那个时代，除了美国东海岸的普林斯顿高等研究院与普林斯顿大学之外，美国西海岸的加州大学伯克利分校也以拓扑学研究的盛行而闻名。这所大学因其自由奔放的学术氛围而著称，同时也是反叛传统与制度等既定价值观的“嬉皮士运动”的重要据点之一。1964 年，那场震动世界的“言论自由运动”正是起源于加州大学伯克利分校。学生们为抗议校方禁止校园内进行政治活动的禁令，发起了追求言论自由的抗议行动。

对那些不满于既有体制的年轻数学家来说，发源于牛顿的古典数学，已经显得陈旧且缺乏活力。而拓扑学，恰恰成为他们眼中能超越古典数学、代表时代前沿的全新领域。

当时还是大学生的约翰·摩根（John Morgan）博士（现任哥伦比亚大学数学系主任），便是那些义无反顾投身于拓扑学研究的年轻人之一。他回忆道：“在 20 世纪 60 年代中期，拓扑学已经拥有了‘数学之王’的气质。这个领域接连不断地产出卓越的定理，取得了令人目眩的学术进展。而这一切，大多与庞加莱猜想密切相关。甚至其他数学分支的学者们都羡慕地感叹：‘拓扑学似乎无所不能，什么都能证明。相比之下，我们领域耗费多年也不过是培育出一丛小草，而你们拓扑学的花坛里却盛开着灿烂的鲜花。’”

在那个时代，菲尔兹奖的大多数获得者都来自拓扑学领域，这一领域的影响力在数学界迅速扩大。而且，其成就远远不止如此，拓扑学的理论构思还逐渐被期望能够超越数学，应用于自然科学和现实社会的诸多领域。例如，勒内·托姆（René Thom）和埃里克·克里斯托弗·齐曼（Erik Christopher Zeeman）所提出并研究推进的突变理论（Catastrophe Theory）[①]，因其在生物学和经济学领域的广阔应用前景而一度成为热门研究方向。图论则广泛应用于电气网络、信息学、信号学等多个工科领域。甚至连当时物理学最前沿的一个分支——超弦理论（Superstring Theory），也是通过引入拓扑学中的“同调代数”（Homologica Lalgebra）的概念，才实现了突破性的发展。

在那个时代，似乎只有拓扑学才是数学，就像只有披头士才是音乐一样。年轻的数学家们满怀激情地呐喊：“古典已经过时，现在是摇滚的时代！”

① 突变理论，该理论是力学分支理论的一种，用于解释某些状态下突然发生变化的原因。突变理论作为一个划时代的理论而备受瞩目，在生物学、经济学领域都有广泛的应用前景，因而吸引很多人参与研究。突变（Catastrophe）是指在具有周期性秩序的现象中，突然出现的无秩序现象的总称。20 世纪 70 年代，突变理论和混沌理论（Chaos Theory）、分形理论（Fractal Theory）等术语，在日本成为非常流行的热门词汇。

史蒂文·斯梅尔的奇袭

20世纪60年代，一位数学家的研究给庞加莱猜想的解决带来了划时代的突破，他的成果被认为开启了拓扑学黄金时代的大门。他就是史蒂文·斯梅尔（Steven Smale）博士，人们称他为“突破维度障碍的人”。

作为加州大学伯克利分校的教授，斯梅尔博士不仅因其数学成就而闻名，还因其大胆破格的行为广为人知。他积极参与校园内反对越南战争的抗议活动，成为反战运动的领军人物。他还曾与朋友驾驶帆船，挑战为期数月的远洋航行。更令人津津乐道的是，他曾表示：“那些重要的定理是我在海滩上想出来的，并不是在研究室里。”这一言论在学术界引发了热议。

这位传说中的人物居住在伯克利分校附近的伯克利山，一片平缓的丘陵地带。从这里可以俯瞰旧金山湾，全年气候温暖宜人，是著名的高级住宅区。

受斯梅尔博士的邀请，我们来到他家做客，不禁对他家的环境感到惊讶。房屋内陈设着色调沉稳的家具，点缀着疑似从海外购置的精美装饰品，背景音乐播放着优雅的巴萨诺瓦……或许是因为我们习惯了那些一心扑在研究上的数学家形象，突然置身于这样一间细致布置的住宅中，竟让我们感到些许的不自在。

然而，最引人注目的是玻璃柜中整齐陈列的矿石收藏品。晶莹剔透的水晶、绚丽的碧玺，以及罕见的金银结晶等，近百种矿石在微弱的逆光效果照明下，散发出夺目的光芒。

据斯梅尔博士介绍，这些矿石是他与夫人克拉拉女士从四十多年前开始共同收集的，如今“斯梅尔藏品”已在矿石收藏界小有名气。

当我们问及这些矿石复杂的形状是否与他研究数学形状的工作有关时，他却露出一丝狡黠的笑容，答道：“我收集矿石的主要目的是为了等它升值。”

我们一时不知该如何回应，仿佛被他逗弄了。

图 5-1　史蒂文·斯梅尔博士

斯梅尔博士的生活可以说是理想与自由的结合。他一年中一半的时间在芝加哥专注于研究，而另一半时间则在温暖的加利福尼亚度过一个悠长的假期。他表示，在假期中，他能够自由地展开一些创造性思考，这是假期带给他的最大乐趣之一。

记者：“您认为数学的灵感，会在什么时间、什么场合产生？”

斯梅尔博士：“尽管计算机变得越来越重要，但大多数数学问题都可以在舒适的环境中进行研究。无论是和同事一起，还是独自思考，只要环境愉悦，就能展开创造性的工作。对我来说，如果会议在一个美丽的地方举行，这本身就是足够的参加理由，因为在那里我可以心情放松地享受并思考。在这样迷人的地方考虑数学问题，是一件非常愉快的事。”

记者：“开车或者坐地铁时，会有灵感闪现吗？”

斯梅尔博士：“这与地点和时间没有关系。比如说，我从高中开始就被称为国际象棋高手。国际象棋的思考方式在某种程度上与数学很相似。我经常和朋友们玩盲棋，这种游戏不需要棋盘，只通过口头描述棋子的移动进行对弈。久而久之，我甚至能同时与多人对弈。尽管棋盘不在眼前，但在脑海中却可以清晰地看到。这种情景与我思考数学问题时的状态非常相似，不需要任何工具，只需凭借头脑进行思考。”

斯梅尔博士从学生时代开始，就一直在思考如何研究和解决庞加莱猜想。他清楚地认识到，要想取得突破，就必须采用与前人不同的研究方法。然而，摆在他面前的难题是，如何才能避免再次陷入过去研究中的那些错误。

“迄今为止，我目睹了数不清的失败。无论多么优秀的数学家，都会掉入同样的陷阱。但最终，我找到了一个可以显著提高成功可能性的方法。”

这里，请大家先回忆一下，庞加莱猜想的本质其实是在说：

“如果在三维空间的宇宙中，用火箭将绳子环绕宇宙一圈，并且可以成功收回绳子，那么就可以说，宇宙是球形的。”

为了攻克这个猜想，斯梅尔博士想到了一个天才般的主意。他决定不再局限于三维空间的宇宙，而是让这个火箭飞向“高维度的宇宙”。

“如果这个宇宙根本不是我们所认为的三维空间呢？如果宇宙是更高的四维、五维空间呢？情况会怎么样？”他当时是这样想的。

四维？五维？这样的想法听起来或许有些令人难以置信，但并非没有道理。对我们这些生活在三维空间中的人来说，高维空间是一个极其陌生的领域，甚至很难想象它的存在。然而，斯梅尔博士的思维却突破了这一限制，迈向了一个全新的方向。

记者：“普通人很难想象三维以上的高维空间。请问数学家是如何思考高维空间的呢？”

斯梅尔博士：“在数学中，有描述三维空间和三维球面的方式。按照这些数学表述，我们可以轻松地扩展到高维空间。这种思考方式其实并没有人们想象的那么深奥复杂。使用数学中对三维空间的定义方式，我们甚至可以去定义十维空间。关键在于充分运用数学中的表达方式。”

记者："在思考高维空间时，您是否会在脑海中想象出那个空间的样子，然后再进行思考呢？比如，是否能够在脑海中用影像描绘出'五维空间'的样子？"

斯梅尔博士："不能，准确来说是不可能。我们并不是通过具象的想象，而是用数学的方式去'看见'高维空间。以三维空间为例，一个点可以用三个数来表述，即坐标$(X1, X2, X3)$。如果是五维空间，就需要五个数$(X1, X2, X3, X4, X5)$来表述。这就是'数学化的观察方法'。只要能够用数学方式表达三维空间，那么就可以顺理成章地推进到更高维的空间，例如用五个数表示五维空间。这种数学的框架使得探索高维空间变得非常简单。完全没有必要在脑海中强行描绘二十维空间的图像。"

在整个采访过程中，我们不得不承认，尽管在全力理解，但还是时常感觉"博士所说的内容实在太难了"。这并不是说我们听不懂他的英语，而是难以理解博士所说的内容。这种情况使我们想起了某位数学家的一句话：

"数学是一门语言。"

我们应当把数学家看作是掌握了"数学语"这种特殊语言的人，这就像是掌握了英语或汉语等外语一样。如果没有掌握"数学语"这门语言，那么就很难理解数学家话语中的真正含义。换句话说，没有一定的数学基础，就很难和数学家站在同一个角度看问题。

如果想达到斯梅尔博士所说的"数学化的观察"的程度，就必须先努力提升地自己的"数学语"水平。

在接下来的采访中我们渐渐意识到，除了英语这个语言障碍以外，我们和斯梅尔博士之间还隔着一堵更高的墙——“数学语”的障碍。但即便如此，我们的采访依然需要继续，以下是我们探讨的几个关键问题。

记者：“如果在讨论宇宙可能的形状时，仅局限于二维或三维空间，是否会限制我们的思考？”

斯梅尔博士：“是的，你的理解是正确的。宇宙的问题本质上是四维或更高维度的，因为我们所说的‘时空’概念本身已经是四维的了。从这一点来看，超越三维去思考是极其重要的。物理学家早在一百年前就意识到了这一点，但遗憾的是，仍有许多数学家和其他领域的学者耗尽一生，只专注于研究二维或三维问题（我们通常将这些称为低维度）。虽然这种专注精神也许自有其价值，但我认为这更多是一种对可能性的限制，它也阻碍了数学这一概念的进化。相比之下，我认为研究一个命题是否在所有维度都成立，才是更为具有建设性的方式。”

记者：“是什么原因让您的研究转向高维空间的？是因为它们更加开放和自由吗？还是有其他原因吸引了您？”

斯梅尔博士：“其实，我只是希望能够在所有维度中进行研究。数学中的许多概念，只有在所有维度上都成立时，才可以说是清晰且具有普遍性的。我们首先将能够在一维、二维和三维中成立的概念公式化，然后追求它在所有维度中的适用性。只有这样，数学概念才能变得更加明确。如果研究仅局限于二维或三维，那么数学化的思维很难自由地拓展。”

相信大家已经明白，所谓数学家，正是一群热衷于在头脑中构建不存在的世界的人。对他们来说，将三维空间的“三”扩展为“四、五、六……”乃至更高，并非荒唐之举。事实上，这样的“思维方式的扩展”几乎可以说正是他们的日常工作。如果能够清晰地理解三维空间，那么在数学的意义上，即便是十维空间，最终也能被研究透彻。数学家能够在头脑中生成一种独特的“数学化影像”。即使没有实际的“视觉化影像”，他们仍然能够通过数学的方式“看见”抽象的高维空间。

虽然我们在采访中遇到了理解障碍，但请大家千万不要误会，斯梅尔博士其实是一位非常擅长表达的数学家。在这次采访中，他尽可能选用了我们能够理解的语言，并且反复解释了多次。正是由于他的努力，我们才能在最低程度上把握住他所传达的核心思想。

通往高维空间的旅行

斯梅尔博士的策略如下：首先假设宇宙是五维、六维等比实际更高的维度，如果能够顺利证明在高维空间中的庞加莱猜想（通常被称为“高维庞加莱猜想”），再逐步将研究扩展到低维空间，最终攻克三维宇宙中的庞加莱猜想。

然而，为什么要特意将问题放到更高维度的空间中去研究呢？这种做法是否只会让问题更加复杂？

事实上，这样的研究方法有其充分的理由。那就是，在高维空间中，曾经困扰无数数学家的“绳子缠绕”的问题根本就不会发生。

我们可以用一个日常例子来具体说明一下斯梅尔博士的想法。请想象一个过山车正在三维空间中纵横交错的轨道上运行。当你能够在脑海中清晰地勾勒出整个过山车系统的形象后，请将视线转向地面，观察轨道在地面上的投影。此时你会发现，轨道的影子交错在一起，看起来错综复杂，甚至似乎相互缠绕。

在地面，也就是二维平面上，轨道之间看起来像是发生了碰撞和缠绕。但是当我们把视线再次转回到三维空间，就会发现这些轨道实际上并没有相互碰撞。

你想明白了吗？在二维世界里碰撞在一起的轨道，在更高维度的三维空间里并没有发生碰撞。

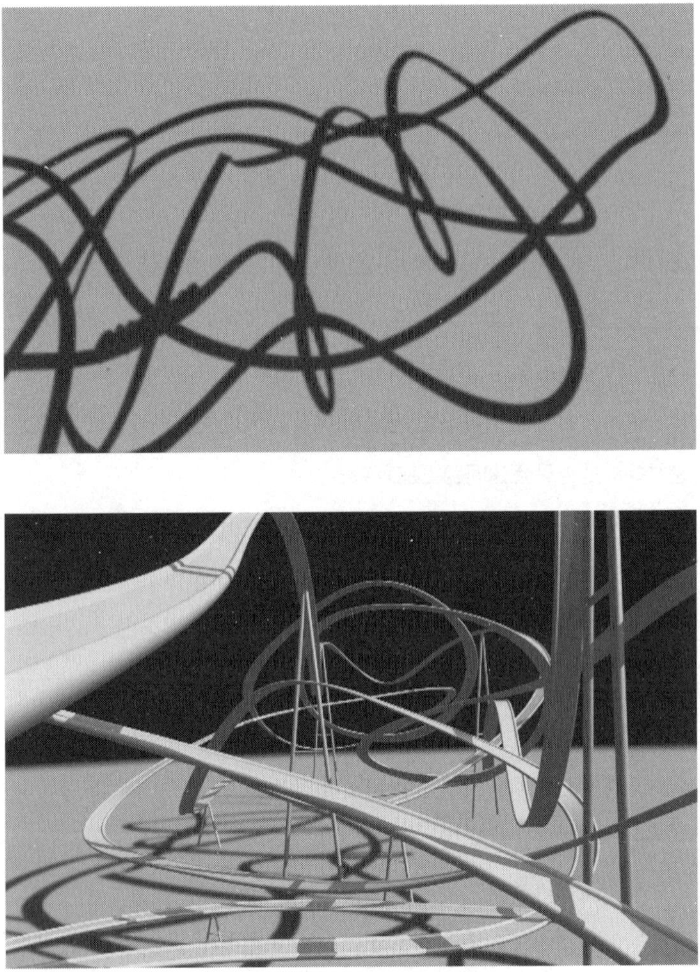

图 5-2 （上图）二维空间（地面）中，过山车轨道的影子相互碰撞缠绕

（下图）三维空间中，轨道并没有相互碰撞

类似地，在三维空间中很难解开的绳子缠绕的问题，如果放到更高维度的五维或六维空间中，却可以轻松解开。斯梅尔博士用数学方法对此进行了证明，展示了高维空间的研究优势。

1960 年，斯梅尔博士发表了一篇仅有 3 页的论文，名为《高维空间中的广义庞加莱猜想》(*The Generalized Poincaré Conjecture in Higher Dimensions*)。这篇论文轰动了全世界。

如果沿用我们在本书中的方法描述斯梅尔博士的证明，则可表述如下：如果 N 维宇宙 ($N \neq 3$ 或 4) 中的绳子能够被完全收回，那么这个 N 维宇宙就是球形的。

这个证明仅在五维或更高维度的空间中成立，并未解决三维空间中的庞加莱猜想。然而，这一成果为高维空间的拓扑学研究开辟了新的方向，斯梅尔博士因此被誉为“突破维度障碍的人”。

发表论文时，斯梅尔博士正供职于巴西里约热内卢的数学研究所。有一个广为流传的逸闻，据说是他关于高维空间的想法，是躺在里约热内卢的海滩上产生的。

“转折点就是里约，就在里约的沙滩上。我当时正把动力系统学的问题和拓扑学放在一起思考。我尝试用常微分方程研究流形中梯度流的动力系统，这时，我突然想到流形上的结构对拓扑学研究非常有价值。这使庞加莱猜想的证明进入了我的视野。从那之后，我迅速将研究重心从动力系统转向拓扑学，并在短短几周内形成了证明的基本思路。”

斯梅尔博士将三维宇宙问题中的庞加莱猜想扩展到高维空间，

从高维开始逐步攻克难题的独特尝试，得到了学术界的高度认可，并为他赢得了 1966 年的菲尔兹奖。然而，斯梅尔博士在举办菲尔兹奖颁奖仪式的莫斯科大学里，因另一个事件再次成为焦点。据《纽约时报》1966 年 8 月 26 日报道，他在发言中直言不讳地批评“美国轰炸越南”和“苏联派坦克进入布拉格”的行为缺乏正义，随后被苏联当局带走。

记者：“1966 年，您在莫斯科领取菲尔兹奖时，也发生了一点意外吧？”

斯梅尔博士：“1966 年在莫斯科大学的记者会上，我的发言引起了场内一片混乱。当采访结束时，几位俄罗斯官员礼貌地拦住了我，随后国际数学家大会的负责人匆忙赶来，告诉我有一位政府高官希望见我一面——当然不是他们的总统——我无法拒绝，只能跟随他们离开现场。当时，一些朋友和记者试图跟上来，但我乘坐的车辆以极快的速度离开了会场。在那之后，他们带我参观了一些博物馆和莫斯科市区，并赠送了几本书。尽管他们表现得很友好，但这些安排显然是临时决定的。这种看似平静的接待实际上让我感受到了一种无形的压力。”

记者：“苏联当局为何要将您带离会场，还带您去市内参观呢？”

斯梅尔博士：“他们当时可能意识到局势变得难以控制，事情显然出乎他们的意料。我邀请了包括苏联媒体在内的各方记者参加发布会，虽然他们或许有所预感，但依然感到手足无措。因为我明确要求发言时不要打断我，他们也无法中途叫停记者会。再加上周围有许多观众，我得以完整地表达自己的观点。由于我刚刚获得菲尔兹奖，他们最终也没有对我采取更进一步的措施。”

记者:“为什么您会选择这种场合提到越南战争呢?”

斯梅尔博士:“事情的起因是，在会议期间我和一位来自越南的数学家进行了交流。他对我反对越南战争的立场很感兴趣，随后越南的媒体表示希望采访我。我在采访中顺势表达了自己的意见，但我并不希望只接受一个国家媒体的采访，以免引发误解。我希望通过开放的采访形式，让来自不同国家的记者参与报道，各方观点都能被呈现。正是基于这一初衷，我的发言引发了后来的混乱局面。”

记者:“获得四年一度的菲尔兹奖时，您的心情如何?”

斯梅尔博士:“当时，我受到了世界范围内，特别是美国国内的极大关注，许多大学向我发出了工作邀请。这让我非常兴奋。对我而言，能收到这些极具吸引力的职位邀请，是最让我开心的事。”

记者:“佩雷尔曼博士拒绝领取菲尔兹奖，同样作为获奖者，您怎么看这件事?”

斯梅尔博士:“那不是我的风格。即使我对某些事情感到愤怒，也不会做出有损于自己的行为。我并非完全无法理解他的愤怒，也许对他而言，拒绝领奖会让他的内心得到更多的轻松。但对于他的决定，我无法评论。我只能说，如果是我的话，我不会这么做。”

尽管谈话逐渐偏离了主题，但总的来说，斯梅尔博士的工作为庞加莱猜想的研究打开了通往高维宇宙的大门。他通过高维空间的证明，为学术界开启了新的方向。不久之后，约翰·斯托林斯博士通过完全不同的路径，在“七维以上的宇宙”中证明了庞加莱猜想。随后，英国数学家齐曼博士分别在五维和六维空间中完成了相关证明。

迈克尔·弗里德曼（Michael Freedman）博士进一步推进了研究，他证明了“如果宇宙是四维空间，绳子不会打结，并可以被完全收回”。他也因此获得了菲尔兹奖。

尽管这些研究成果并未直接解决庞加莱猜想本身，但成功营造了一种氛围，正如哥伦比亚大学的约翰·摩根博士所说：“只要是研究庞加莱猜想的，就有可能获得菲尔兹奖。”。

从七维到六维、五维，再到四维，这一步步的推进让数学界逐渐产生共识：证明三维宇宙空间的庞加莱猜想，也不过是时间问题。这样的期待和兴奋，开始在学术界蔓延开来。

天才少年的诞生

1966 年，正是斯梅尔博士在莫斯科获得菲尔兹奖的那一年，在苏联的圣彼得堡（当时称列宁格勒），一个名叫格里戈里·佩雷尔曼的男婴出生了。他的昵称是“格里沙”。

格里沙的父母是犹太移民，对教育非常重视。尤其是他的母亲，一名数学教师，从小便为他提供了严格的数学精英教育。除了学校课程，格里沙每周还要参加两次数学学习小组，并在周末参加地区组织的数学模拟考试。他的日程紧凑到几乎没有时间和邻里的孩子们玩耍，甚至很少参与学校的活动。

进入圣彼得堡第 239 中学后，少年佩雷尔曼的数学天赋开始全面展现。这所学校是一所专门培养数学和物理人才的学校，培养了众多杰出毕业生。在学校的楼梯平台上，张贴着优秀毕业生的名字。在 1982 年的栏下，赫然刻着“格里戈里·佩雷尔曼”的名字。这一年，年仅 16 岁的佩雷尔曼赢得了苏联国内数学竞赛的胜利，并获得国际数学奥林匹克竞赛的参赛资格，成为所有优胜者中最年轻的一位。

尽管是团队中年龄最小的成员，佩雷尔曼却被任命为苏联代表队的队长。这不仅是因为他拥有非凡的数学才能，还因为他热情开朗、善于与人相处的性格。

1982 年国际数学奥林匹克竞赛在布达佩斯举行。当时担任苏联参赛团队领队的是亚历山德拉·阿布拉莫夫先生，他告诉我们："格里沙非常爱笑，哪怕是朋友们讲一个很无聊的笑话，他也会笑得停不下来。相反，如果有人开了粗俗的玩笑，他会立刻涨红了脸，生起气来。如果朋友们遇到麻烦，他总是第一时间给予开导和安慰。他是个非常可靠的孩子。"

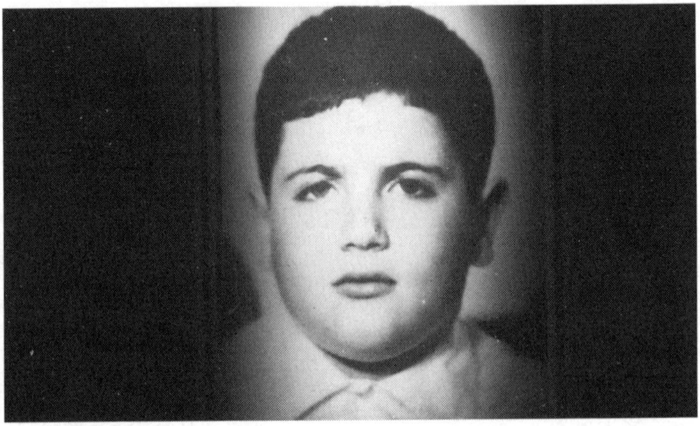

图 5-3　小时候的佩雷尔曼，昵称是格里沙

阿布拉莫夫先生当时还担任了竞赛前集中强化训练的指导老师。赛前训练时间为一个月左右，指导对象是这些从各地选拔出的数学英才们。在当时，数学奥林匹克竞赛是展示国家实力的重要舞台之一。

"这是 1982 年的成绩排名表。从中可以看到，我们苏联代表队经历了一场异常激烈的竞争。最终，西德队以 145 分（满分 168 分）夺得第一，而我们仅以 1 分之差屈居第二。排在后面的是东德、美国，以及成绩接近的越南。前五名与其后的队伍分差较大。数学奥林匹克竞赛就像体育赛事一样，是一场真实而激烈的团队较量。”

按照竞赛规则，每支代表队由四名选手组成，每名选手挑战总分 42 分的题目，团队最终以总分决定名次。在当时冷战的大背景下，排名前几位的国家的竞争格局，无疑显得格外耐人寻味。在这一年的竞赛中，少年佩雷尔曼以满分 42 分的成绩摘得个人金牌，为苏联代表队的优异表现做出了巨大贡献。

他不仅解题速度远超其他选手，而且解答简洁优美，令人叹服。这使得少年佩雷尔曼在众多参赛选手中尤为引人注目。阿布拉莫夫先生特地拿出了佩雷尔曼的一份手写答题草稿，以展示他独特的解题风格。

“在同样的一道题上，其他学生可能需要用好几张纸反复计算，而格里沙只用了三行，就完成了完整的证明。这种简短又优美的解法来源于他非凡的想象力。”

数学的解答是越短越好吗？阿布拉莫夫先生给出了肯定的答案：“当然！但是，最难的是导出既美丽又简洁的解法。这不仅需要非凡的天赋，还需要在像国际数学奥林匹克这样高压的竞赛环境中被激发出最好的状态。”

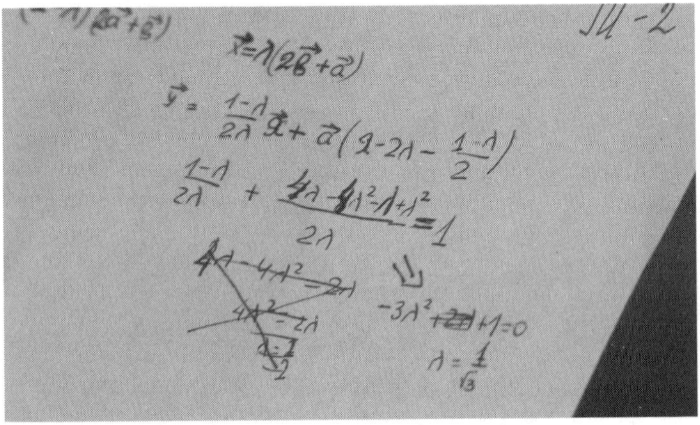

图 5-4 少年佩雷尔曼简洁的解答

或许是沉睡已久的记忆逐渐复苏，阿布拉莫夫先生的眼神变得越发明亮，嘴角露出一丝值得玩味的笑容。他坐在沙发上，调整了一下姿势，开始向我们讲述起有趣的往事。

“格里沙在解题时有一个很有趣的习惯。他读完题目后，总会不自觉地用双手摩擦大腿上的裤子，同时身体前后晃动。这种动作会逐渐加快，他的裤子甚至因为长期摩擦而有些褪色。

“如果遇到比预想更难的问题，他会轻声哼起一段旋律，而且毫无例外地是古典音乐。我从未听他哼过古典音乐以外的曲子。哼唱一会儿后，他才拿起笔，用极其简短的方式写下答案。解完一道题，他会掰下一块巧克力吃掉，然后稍作休息，再继续下一道题。他的答题节奏就是这样循环往复的。

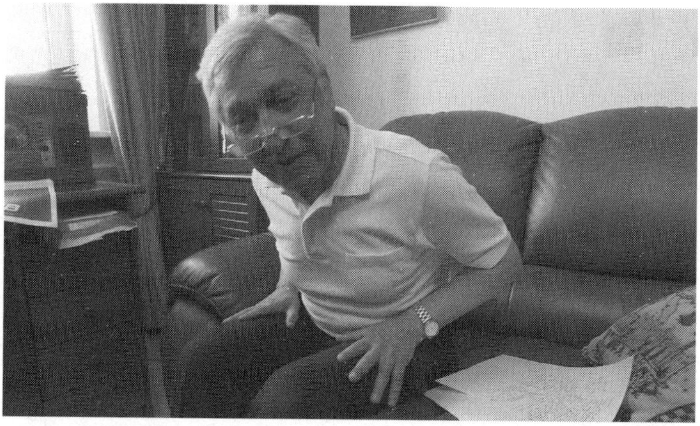

图 5-5　阿布拉莫夫先生模仿少年佩雷尔曼解题时的动作

“在我们数学奥林匹克的代表队里，把极其困难的题目称为‘死亡问题’，因为它们实在令人畏惧。但不管有多少‘死亡问题’，格里沙都能全部解答。他似乎没有无法攻克的问题。他是一个让我无比自豪的学生，这二十五年来，我从未忘记过他。”

对于少年佩雷尔曼来说，解答数学难题就像日常生活的一部分。即使是在数学奥林匹克这种高水平的舞台上，他也能以极少的精力轻松应对那些顶尖难题。也许在那个时候，少年佩雷尔曼就已经确立了自己的梦想：总有一天，要解开一个世人都束手无策的数学难题。

天才数学家的“素颜”

佩雷尔曼博士，这位破解了世纪难题的数学家，是如何打下数学基础的？为了寻找线索，我们采访了他学生时代的一位朋友。

今年40岁的亚历山德拉·戈尔布诺夫先生是佩雷尔曼博士从小学到高中的挚友。他从小学直到高中一直陪伴在他身边，共同成长。戈尔布诺夫先生现在就职于圣彼得堡的教育委员会，工作内容也包括针对高中生的数学指导。他的家是一间不大的公寓，空间并不宽敞，屋内摆满了摇篮和孩子的玩具，显得更加拥挤。当我们拜访时，他的妻子正在孕期——他们的第二个孩子即将出生。尽管生活忙碌，戈尔布诺夫先生始终保持着温和的笑容，热情地接受了我们的采访。

“虽然比不过格里沙，但我那个时候也不输给其他学生。”戈尔布诺夫先生回忆道。他和佩雷尔曼博士一样，曾经是以数学奥林匹克为目标的“神童”。在他的高中相册中，还珍藏着一张小学时期的照片，让我们得以一窥佩雷尔曼博士天真无邪的少年模样。

“我们那时候都参加了同一个数学俱乐部，每周有两次活动。放学后，我们总是一起从学校步行很长一段路去俱乐部。走到一半时，经常会饿得受不了，于是就一路买吃的。喀琅施塔得路上的那家俄式烤包子店特别美味，我们常去光顾。那条街上的小吃店，我们几乎都试遍了。

“格里沙经常买的是一种加了葡萄干和核桃的便宜面包卷。但他特别讨厌核桃，每次吃之前都会仔细地把核桃一个个抠掉。我有时故意捣乱，趁他不注意把葡萄干挖掉。如果被他发现了，他会毫不犹豫地狠狠给我一巴掌。”

图 5-6　少年时期的佩雷尔曼（左）和戈尔布诺夫

戈尔布诺夫先生始终面带微笑，耐心地回答我们的提问。据他回忆，佩雷尔曼小时候并不擅长运动，却对散步情有独钟。在当时的圣彼得堡数学俱乐部中，为了“提高学习效率”，学员们被要求在学习间隙进行长距离的散步。尽管佩雷尔曼每次都要和戈尔布诺夫一起走很远的路去俱乐部，但他仍然乐于在俱乐部学习的间隙再次出去散步，似乎散步对他来说不仅是一种放松，也是一种乐趣。

高中时期的佩雷尔曼，对于庞加莱猜想甚至拓扑学都还没有表现出任何兴趣。然而，戈尔布诺夫先生为我们揭示了佩雷尔曼不为人知的一面——除了数学之外，他在物理学上同样展现出了非凡的才华。

“格里沙的天赋可能真的是上天赐予的，”戈尔布诺夫先生说道，“他的物理学非常出色。如果他参加的是国际物理奥林匹克竞赛，我相信他也一定能够拿到满分。不过，当时他的数学老师强烈主张他参加数学奥林匹克竞赛，还向其他科目的老师施加了不小的压力，这才最终确定了他的参赛方向。”

在参加数学奥林匹克竞赛前夕举行的集训时，少年佩雷尔曼就经常和队里的朋友们一起到森林中散步。而物理学是解析自然法则的学科，也许他就是在和美丽的大自然的接触中，逐渐产生了对物理学的兴趣吧。

而这份对物理学的兴趣，也成为日后解开世纪难题——庞加莱猜想的关键所在。

拓扑学已死？

在美国，拓扑学研究的黄金时代一直持续到 20 世纪 70 年代。然而，能够解开拓扑学最大难题——庞加莱猜想的数学家，却始终没有出现。

被誉为“突破维度障碍的人”的史蒂文·斯梅尔博士曾提出一种从高维逐步向低维推进以解决庞加莱猜想的策略，但这一研究在四维空间戛然而止，之后再无进展。斯梅尔博士的研究兴趣也转向了其他领域。

斯梅尔博士涉猎广泛，研究过经济学、计算机数学等多个学术领域，目前仍活跃于超越拓扑学范围的广阔学术天地。但是，他为什么没有挑战三维空间的庞加莱猜想呢？

他是这样回答的：“我曾经尝试过一些三维空间的庞加莱猜想研究，但很快就放弃了。我觉得自己的方法或许行不通。解决这个难题，显然需要一些新的构想。这也许听起来像是逃避的借口，但当时我对物理学的离散动力系统和二维球面更感兴趣，因此转向研究这些领域。我对全新的截然不同的领域充满了兴趣。”

而曾经成功证明四维空间庞加莱猜想的迈克尔·弗里德曼博士，

则突然从学术界隐退。他被微软公司聘请，随后辞去了大学教授的职位，进入企业界，转而从事计算机科学研究。遗憾的是，我们并没有采访到弗里德曼博士本人，但据知情人约翰·摩根博士透露，弗里德曼曾说过这样的话："我已经证明了四维空间的庞加莱猜想。在数学领域里，我不打算再迎接与此相匹敌的挑战。那已经是我作为数学家的职业生涯巅峰了。"

图 5-7 迈克尔·弗里德曼博士

在拓扑学的黄金时代，数学家们孜孜不倦地研究着四维、五维等看不见的高维空间，通过想象将这些维度构建在脑海中。然而，现实世界中与我们最为贴近的三维空间，却成为庞加莱猜想最难逾越的屏障。

令人深感无奈的是，庞加莱猜想在数学家构想的高维宇宙中可以被证明，而在离我们最近的三维世界里，却始终无法被攻克。这一事实不禁让人心头涌上一种莫名的沉重感。

拓扑学曾被誉为“数学之王”，但不知从何时起，在数学界开始流传起这样的言论：“拓扑学已死！”

第 6 章

20 世纪 80 年代
天才瑟斯顿的光与影

魔术师的登场

当庞加莱猜想的研究几乎陷入僵局时，一位数学家的出现，为这一领域开辟了一条谁也未曾预料到的新道路。

“瑟斯顿是一位才华横溢的数学家，他是个令人惊叹的天才。在我们数学家的眼中，他简直就像一位‘魔术师’。他好像是在表演魔术一样，总能从自己的‘帽子’里取出绝妙的创意。”瓦伦丁 · 波埃纳鲁博士这样说道。

当谈起威廉 · 瑟斯顿（William Thurston）时，波埃纳鲁博士的语气中充满了兴奋。事实上，瑟斯顿博士那些天马行空、前所未有的创意，早已无数次地震撼了全球的数学家们。

瑟斯顿博士居住在美国纽约州北部的小城伊萨卡。这座城市自然环境优美、学术气氛浓厚，除了博士工作的康奈尔大学以外，还有两所规模较大的大学。瑟斯顿博士的家是一所坐落于湖畔的独栋住宅，我们有幸拜访了这里。

在约半英亩（约 2000 平方米）的宽阔庭院里，瑟斯顿博士 6 岁的女儿杰德正光着脚和一只狗奔跑嬉戏。此时，博士正在儿童房里陪 4 岁的儿子利亚姆玩耍。当我们拍摄这对父子时，瑟斯顿博士忽然转向镜头，用一些扁平的三角形的积木拼起了什么。

记者："您在拼什么？"

瑟斯顿博士："我想给你们演示一下，如果这样组合三角形，就可以构造出复杂的拓扑（流形）。我现在拼的这个，如果成功的话，就是一个三环面（有三个孔的甜甜圈）的双曲几何图形。大部分研究庞加莱猜想的研究者，会将宇宙预设为球形，也就是有正曲率的图形。但是在现实世界中，具有负曲率的双曲几何图形更为常见。"

瑟斯顿博士是研究双曲几何学[①]的专家。双曲几何学并不是在欧几里得空间[②]那样"平坦的空间"（曲率为0的空间）中定义的理论，而是在负曲率的弯曲空间"双曲空间"中定义的几何学。马鞍形状就是其中的典型。与此相对，在正曲率的球形空间（曲率为正的空间）中成立的几何学则被称为"球面几何学"，庞加莱猜想中出现的"球形宇宙"就是该几何学理论成立的空间。

瑟斯顿博士给我们讲解道："双曲几何的世界是一个很容易迷失

---

① 双曲几何学，19世纪前半期，由尼古拉斯·罗巴切夫斯基（俄罗斯）、雅诺什·波尔约（匈牙利）、弗里德里希·高斯（德国）等人彼此独立创建的一种几何学，也被称为波尔约-罗巴切夫斯基几何，是非欧几何学的一种。双曲几何学能够成立的空间被称为双曲空间，马鞍形状就是其中的典型。与此相对，正曲率的球形空间（曲率为正的空间）能够成立的几何学被称为"球面几何学"。

② 欧几里得空间，是指欧几里得几何学能够成立的空间。欧几里得几何学是几何学体系之一。其理论体系由古希腊数学家欧几里得在《几何原本》中奠定基础。长期以来，人们一直相信欧几里得几何是"唯一且绝对正确的几何学"。
然而，19世纪时，随着数学家对《几何原本》中的第五公设（平行公理，给定一条直线，通过此直线外的任何一点，有且只有一条直线与之平行）的反复质疑和对其多次证明的失败，欧几里得几何学以外的新的几何学"非欧几何学"（双曲几何学及球面几何学等）最终得以确立。
举例来说，在双曲几何学中，给定直线 L 和直线外的一点 P，过点 P 存在无限多条与 L 平行的直线。而在球面几何学中，给定直线 L 和直线外的一点 P，过点 P 与 L 平行的直线是不存在的。

的世界。让我用一个例子来说明原因吧。你现在离我 3 米远。如果从这个位置向远处走，你的身影会逐渐变小。在我们生活的欧几里得空间中，当你走到 6 米远时，你的身影会变成原来的一半，走到 12 米远是四分之一，24 米远则是八分之一。简单来说，向远处走 2 倍的距离，大小就会变成原来的一半。

“然而，在双曲空间中，这种变化更加剧烈。从 3 米远走到 6 米远时，身影变小为原来的一半，但 9 米远时就会变成四分之一，12 米远时是八分之一，24 米远就是千分之一，60 米远时就变成了百万分之一。

“如果你是我的孩子的话，走那么点距离就看不到你了，我会陷入恐慌。如果飞行员驾驶飞机在双曲空间内飞行，很容易迷失方向，有可能再也找不到返回地球表面的路径了。”

图 6-1　威廉 · 瑟斯顿博士

他的讲解令我们一时间感到如堕五里雾中。虽然早就听闻瑟斯顿博士有“魔术师”之名，但这番话把我们带到了一个完全陌生的世界，让人有些难以跟上他的思路，真是惭愧。

记者：“您会和自己的孩子们谈论数学吗？”

瑟斯顿博士：“我认为孩子还小的时候，应该尽量做一些自己感兴趣的事情，去体验这个世界，尽量接触各种各样的玩乐活动。相比孩子们自己亲身体验到的世界，大人能够通过言语传递的东西是极为有限的。试图填鸭式教育是错误的。当然，回答孩子们的问题是重要的，但一些具体的知识，比如教他们乘法这些，我认为并不那么重要。”

瑟斯顿博士从小就很讨厌那种强制性的学习。例如，在学校里，数学课和社会课都被硬性规定一节课一个小时，这就经常出现正当数学课到精彩之处时，却因为时间到了而不得不中断，让位给社会课的情况。这种安排让瑟斯顿博士感到极为不满。

“在我小学的时候，老师经常批判我：‘你为什么总是不听课，在课堂上怎么总是胡思乱想？’上数学课时，我也经常被批评‘你的答案是对了，但计算过程呢？你写在哪儿了？’要强行把自己的思维方式改造成符合老师期望的那种，对我来说简直是种折磨。老师认为我是在偷懒，而我自己也因此产生了深深的罪恶感，‘也许确实就是自己不对呢？’这样的学习甚至让我陷入了自我怀疑。

“不过，我成为数学研究者之后，才意识到自己的这些行为其实是正确的。我逐渐明白，不应该一味按照别人教导的方式去做，而是要跟随自己的直觉。凭借直觉，能在瞬间把握逻辑的本质，而无须不断去寻找原因和依据。这种“通过直觉抓住事物的本质，并一眼洞悉全貌”的思维方式，才是我的兴趣所在。

“专注于自己感兴趣的事物，沉浸在思考之中，这种性格非常适合做数学研究。”

记者：“刚才您向我们讲解了日常生活中与双曲几何相关的内容。与您不同的是，许多挑战庞加莱猜想的数学家更倾向于关注三维‘球面’。对您来说，双曲几何学是否更自然？”

瑟斯顿博士：“刚开始接触双曲几何学和双曲空间时，我很难将其视为真实存在的东西。这个理论的确逻辑严密，因为它是通过否定我们所学的欧几里得几何公理逐步演化而来的。从‘过直线 L 以外的 P 点，至少存在一条直线平行于 L’这一表述出发，双曲几何学构建了非常精彩的理论体系。

“但是，即使学完这些理论，我依然无法直观地感受到‘这种空间确实存在’。于是，我盯着双曲几何的公式，想尝试自己动手制作一个双曲几何的形状。我很快发现，用纸就可以简单地制作出一个‘双曲几何形状’，用纸巾做出卷筒形状，也能模拟出双曲几何的某些特性。当我意识到除了庞加莱猜想中的‘球面’三维空间，世界上还存在许多其他结构时，我的三维空间观念彻底改变了。”

瑟斯顿博士是那种无法仅凭理论阐述说服自己，而必须通过亲身体验和直观感受才能真正理解的数学家。无论如何，正是因为他对双曲空间，而不是球形宇宙抱有极大兴趣，他才最终成为双曲几何学领域的专家。那么，瑟斯顿博士又是如何与庞加莱猜想联系在一起的呢？

宇宙真的是球形吗?
——苹果和树叶的魔术

20 世纪 80 年代初，大多数的数学家仍被“环绕宇宙一圈的绳子的打结问题”所困扰。然而，瑟斯顿博士认为，应该放弃这种试图解开纽结的努力。他的直觉告诉他，研究庞加莱猜想需要一种全新的方法。

庞加莱猜想的简单表述是：如果一根环绕宇宙一周的绳子能够完全收回，那么就可以说宇宙是球形的。但仔细想想会发现，这个表述并未提及“如果绳子无法收回，宇宙会是什么形状”。瑟斯顿博士的研究正是从这一点入手。

“如果宇宙不是球形的，那它还可能有哪些形状?”这一质疑成为通往开创性研究道路的起点。

“我在想，是否能研究清楚宇宙可能存在的所有形状。虽然这看似是一个很盲目的挑战，但我决心要试一试。当然，最开始光是把所有能想到的宇宙的形状进行大致的分类，就已经让我筋疲力尽了。”

提到形状分类时，瑟斯顿博士站起身来，说道：“到外面吧，我来实际演示一下如何分类。”

瑟斯顿博士从房间的角落里取出一个草稿本、一把小刀和一把剪刀，还从冰箱里拿出一个苹果。他带着这些东西走向庭院，我们也跟了出去。

“如果我们要比较树叶的形状，那无论花多长时间也不够。”博士从庭院的树上摘下各种树叶。庭院里不仅有樱花、枫树，还种植着其他多种植物。

“树叶的形状是弯曲的，和球形明显不同。我们把这种弯曲的形状称为‘双曲几何’。接下来，我将教大家一种方法，可以直观地感受到弯曲形状与球形之间的差异。”

瑟斯顿博士开始削苹果皮，但他并未采用我们平时削苹果的方式，而是让刀沿着苹果表面绕了一圈，最终回到起点。削掉这一圈果皮以后，裸露出来的白色果肉，恰好在红色的苹果表面形成了一个像是字母“O”的图形。

“沿苹果的表面小心削下一圈果皮，确保果皮完整不断。然后把这圈果皮贴在一张平整的纸上。”

当瑟斯顿博士把削下来的苹果皮贴在草稿本上时，我们发现一个令人惊讶的现象：原本在苹果表面是连成一个“O”字的果皮，现在在纸上出现了缺口，变成了“C”字形。用量角器测量“C”形果皮两端张开的角度，得出大约是 120°。瑟斯顿博士在草稿本上写下“+120°”。

“因为苹果具有正曲率，所以这里会出现正值。大致来说，削下

来的苹果皮的曲率[①]是 +120°。我们用 π（=180°）来表示曲率，则可以得到

$$+\frac{120}{180}\pi=+\frac{2}{3}\pi$$

这个式子。”

附着在苹果表面上时，苹果皮整体是球形的。但将苹果皮削下来，平铺在纸上时却是断开的。这就是“球形”（曲率为正）的形状特征。

接着，瑟斯顿博士从刚才摘下的树叶堆中随手拿出了一片。

“说起树叶的形状，大家可能会觉得树叶是平坦的形状，但是实际上并非如此。如果仔细观察，你会发现树叶的形状非常有趣。比如，这种糖枫（枫树的一种）的叶子就卷曲得很厉害。而且生长在向阳处的叶子，与生长在背阴处的叶子，形状上也存在显著差异。

“学校的自然研究活动，会让孩子们把花或树叶夹在书中压扁，制作成平面标本，但这种做法实际上破坏了树叶原有的形状特性。树叶应该想要保持它们原本的三维形状吧。这些树叶各自都具有不同的三维‘曲率’。例如，叶子的边缘卷曲处，也就是像褶边一样的部分，通常具有负曲率。这些自然界的生物多么美丽！接下来，我们就来实际测量一下它的曲率。”

---

① 曲率，表示曲线和曲面弯曲程度的量。例如，半径为 r 的圆，其曲率为 $1/r$。r 越小（即弯曲程度越大），曲率就越大。

图 6-2　瑟斯顿博士使用苹果和树叶来讲解曲率

瑟斯顿博士似乎对这样的讲解方式轻车熟路，他一边滔滔不绝地讲解，一边用手动作演示。

“首先，我们需要剪这片叶子。现在的这个样子，树叶是不会变平坦的。我们需要剪下树叶最外侧的边缘部分，这样叶子就很容易变成平坦的了。就像描绘叶子的轮廓一样，小心地沿边缘剪下。植物的主要弯曲通常集中在叶脉和茎的周围。有些弯曲较为平缓，而有些则非常剧烈。而叶片本身的弯曲多集中在叶脉附近。

“还有个有趣的例子，如果有机会观察假花，建议大家仔细看看。那些便宜的假花，叶子通常是用平坦的纸制成的，也就是用“欧几里得几何”制作的，这种叶子看上去明显很不自然。而做工精良的假花，其叶子通常是蜷曲的，也就是采用了具有负曲率的‘双曲几何’制作的。

“现在请看我手中的叶子，我已经沿着叶子的边缘剪了一圈。接下来，我将剪下来的部分放在纸上。注意，在放置时不要刻意用手压平，也不要人为地扭曲它。让这片叶子按照它的自然状态伸展到它想要的方向。”

相比刚才削苹果时，瑟斯顿博士这次的讲解更加详细，他显然非常热切地希望我们能够领略双曲几何的世界。

博士将剪下的树叶“轮廓”部分轻轻放在草稿纸上，用胶带固定好。令人惊讶的是，本来紧密连接形成一个圈的两端，剪下后竟然交叉在了一起！这一现象让我和摄影师不禁发出惊叹声。这种情形和刚才削苹果皮时两端分离的结果截然相反。博士接着测量了两端交叉部分（交叠点以外的部分）的“角度”。

“这个角度超过了 90°……嗯，大约是 100°。和苹果实验时的情况不同，树叶“轮廓”的两端交叉了，所以这里不能用苹果曲率所标注的‘+’，而是要用‘-’来表示，即曲率为 -100°。如果用 π（=180°）来表示曲率，这个值可以写成 -100π/180，也就是 -5π/9。你们明白这个测量值的意思了吧？

“比如说，一个具有两个孔的环面，其表面总曲率之和是 -4π，也就是 -5π/9 的 7.2 倍。换句话说，如果我们有八片这种形状的树叶，那么就足以构成一个具有两个孔的环面。虽然我们刚才只是简单测量了一下曲率，但在这背后其实蕴藏着极其美丽且严密的数学理论。”

眼前这一幕如同魔术一般，虽然我们对其中的原理知之甚少，但依然感到十分神奇。瑟斯顿博士果然不愧被誉为“魔术师”。

我们请教博士：“这片叶子完美地展示了几何学和拓扑学的原理，在日常生活和自然环境中，这类例子很容易找到吗？”

“这个问题非常重要。你没有问我‘几何学和拓扑学是否存在于日常生活中’，而是问‘是否能在日常生活中找到’。当你已经有了寻找几何学和拓扑学的视角时，它们就无处不在。

“数学的本质，其实就在于我们从何种视角去观察世界。如果你掌握了数学的思维方式，你眼中的日常生活会焕然一新。这种‘看’并不是指简单的视觉感知，而是通过学习和理解，获得新的洞察力。

“这就像学习一种新的语言。当你还未接触这门语言时，它对你完全陌生，但一旦你开始学习，你就会发现，生活中经常遇到说这门语言的人或者相关的事物。数学的学习也是如此。学习某种知识，就是不断通过观察去深化对它的理解。一旦具备了这样的意识，你会发现几何学和拓扑学的原理早已融入生活的方方面面。”

虽然瑟斯顿博士的解释十分深奥，我们还不能完全理解。但是，看似是球形的苹果皮，削下后放在纸上，其两端却是分离的；将蜷曲的树叶的边缘剪下来放到纸上，其两端却交叉在一起，这说明苹果和树叶的形状（表现为曲率）是一正一负、截然相反的。这一事实，我们现在已经完全了解了。

瑟斯顿博士通过这样的观察，逐步坚定了一个信念：自然界不仅仅存在“球形”，更充满了其他各种奇妙的形状。

震惊世人的新猜想
——宇宙有八种形状？

现在，让我们回到本书的主题。

通过研究各种形状，瑟斯顿博士确信，世界上非球形的事物远多于球形的事物。但是，对我们身边随处可见的形状进行分类还是相对容易的。正如当年庞加莱所做的那样，苹果就是球形的代表，而球形以外的形状则可以根据孔的数量来分类。问题在于，对于像宇宙这样“无法从外部直接观察其形状”的事物，又应该如何分类？

经过十多年的反复试错与思考，瑟斯顿博士终于得出了一个令人惊叹的结论。他在1982年发表的论文《三维流形、克莱因群与双曲几何》（*Three-dimensional Manifolds, Kleinian Groups and Hyperbolic Geometry*）中提出了一个宏大的猜想：“无论宇宙是什么形状，它都必然最多由八种不同的基本几何结构组成。”

这个极具突破性的猜想被称为瑟斯顿的“几何化猜想”。

瑟斯顿博士经常用玩具万花筒来形象地解释几何化猜想。转动万花筒时，映入眼帘的图案千变万化，没有任何两次图案完全相同。但究其原理，这些复杂多变的图案不过是由几片固定形状的小玻璃片不断组合而成。

在瑟斯顿博士的眼中，宇宙同样如此。他认为不管宇宙的形状多么复杂，终究不过是由八种“玻璃片”相互缠绕构成的。

图6-3　万花筒的图案是由多个“小玻璃片”组合而成的

也就是说，有限数量的玻璃片，可以组合出无限复杂的图形。同样，无论宇宙是何种球形以外的形状，它最多都是由八种基本的几何结构组合而成的。

瑟斯顿博士提出的几何化猜想得到了学术界的高度评价，他因此获得了菲尔兹奖。数学家们逐渐意识到，几何化猜想并非仅是一个理论，而是一个极其宏大的命题，庞加莱猜想也不过是包含在其中的一部分。

假设瑟斯顿博士的几何化猜想成立，即宇宙最多由八种几何结构组合而成，那么根据他的推论，在这八种几何结构中，有一种是球形，其余则是甜甜圈形状等非球形的结构。

在这里，让我们回到庞加莱猜想的情景。数学家们发现，如果宇宙的几何结构中存在任何一种非球形的形状，那么围绕宇宙一圈的绳子就会被卡住，无法完全收回。也就是说，如果几何化猜想是正确的，那么唯一能够让绳子完全收回的宇宙，正是符合庞加莱猜想的、完全由球形构成的宇宙空间。

由此推断，证明瑟斯顿的几何化猜想的同时，也就能证明庞加莱猜想。

约翰·摩根博士对此评论道："瑟斯顿博士的研究让我们对宇宙可能的形状有了全新的视角。数学界关于宇宙形状的研究因此开启了崭新的方向。在此之后，这一领域的研究迅速进展，研究者对宇宙形状的理解愈发深入。瑟斯顿以几何化猜想为武器，大步地逼近了庞加莱猜想的核心。"

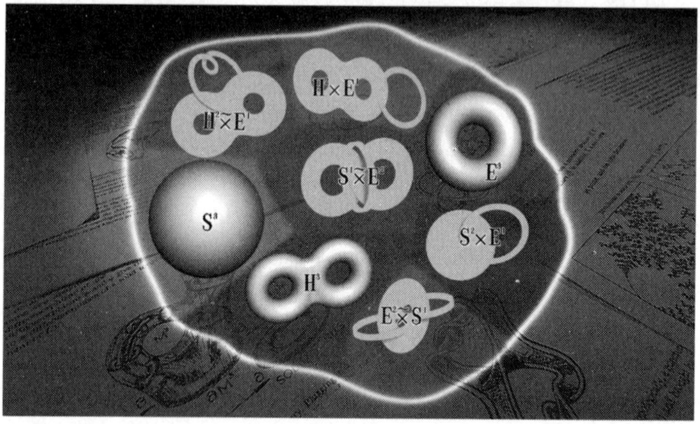

图 6-4　瑟斯顿的几何化猜想指出了宇宙的八种形状

长期以来，数学家大都将球形宇宙（三维球面）作为研究庞加莱猜想的前提。瑟斯顿博士为什么能够跳出这一思路，不再研究绳子在球形宇宙中如何收回，而是想到列举三维宇宙所有可能形状这样天才的创举呢？

瑟斯顿博士对此的回答是："我的思考方式其实没什么特殊的，是很自然的思维方式。比如，有一个由 1000 块碎片组成的拼图。如果你只拿到其中的 100 块，那么无论如何努力，也很难将它们拼到正确的位置上。但是，如果你把这 1000 块拼图全部铺在地板上，从整体出发观察它们，就会很容易找到正确的组合方式。"

天才瑟斯顿的烦恼

在1983年的菲尔兹奖颁奖典礼上，瑟斯顿博士因其提出的几何化猜想“使三维空间的研究重新回归数学的主流”，而受到了极高的赞誉。那么，博士最终是否证明了这个猜想呢?

要证明瑟斯顿的几何化猜想，必须先找到一种方法，将宇宙优雅地分解为八种几何结构。然而，这种分解极为困难。在尝试分解时，往往会遭遇形状突然崩塌的现象。这种导致计算无法继续的状态被称为“奇点”。几何化猜想的证明因此遇到了巨大的障碍。

瑟斯顿博士作为几何化猜想的提出者，尽管面对外界的高度期待，但他还是放弃了证明这一猜想的挑战。

事实上，从采访开始，我们就对瑟斯顿博士放弃证明几何化猜想的原因充满疑问。这是一个巨大的谜团。但是，回想那些将毕生精力奉献给解决庞加莱猜想的数学家们的生活方式，我们不得不觉得，博士选择放弃或许是一种明智之举。

一些数学家认为，瑟斯顿博士对证明几何化猜想本身并没有太大的兴趣。通常来说，数学家可以粗略地分为两类:“提出概念型”和“解决问题型”。前者善于从无到有地创造出前所未有的新概念，倾向于不断提出冠以“×× 猜想”的新想法。亨利・庞加莱就是这类数学家的典型代表。而后者则擅长逻辑性地验证这些猜想是否正确，他们拥有工匠般的特质，善于使用各种数学技巧。帕帕基里亚科普洛斯可以被视为这类数学家的典型。当然，也存在极少数兼具两种特质的“全能型”数学家。

如果按照这种分类，瑟斯顿博士显然属于“提出概念型”的数学家。他提出了几何化猜想，为庞加莱猜想的研究开辟了广阔的前景，但对是否要亲自完成严密的证明并不执着。

然而，也有不少数学家对瑟斯顿博士没有继续尝试证明几何化猜想感到难以理解，认为这种选择非常不寻常。其中之一盛赞瑟斯顿博士为“魔术师”的法国数学家瓦伦丁・波埃纳鲁博士。他评论道：“瑟斯顿在某个时刻突然停止了自己的‘魔术’。没有人知道具体原因，但从那以后，他再也没有发表任何数学研究成果。他当时还很年轻，也没有迹象表明他的能力有所减退，但不知为何，他的数学研究就此止步。”

几何化猜想被认为是超越庞加莱猜想的“伟大猜想”。博士是否因为畏惧挑战而放弃？这似乎也不太可能。

也许有一篇论文可以帮助我们更深入地了解瑟斯顿博士复杂的内心世界，那就是他于 1994 年发表的《数学中的证明与进展》（*On Proof and Progress in Mathematics*）。在这篇论文的后半部分，瑟斯顿博士记述了一个重要事件如何促使他对数学的看法发生了重大改变。以下是论文中相关部分的内容。

在研究生时期，我选择“叶状结构理论”[1]作为研究主题。叶状结构理论当时是一个备受关注的领域，吸引了许多从事拓扑学、动力系统以及微分几何学研究的学者。我迅速证明了叶状结构理论的分类定理，还提出了许多其他重要的定理，在这一领域取得了显著成果。当时，我的脑海中不断涌现出证明的灵感，甚至几乎没有时间将它们整理成论文。

然而，没过多久，一个奇怪的现象发生了。在短短几年内，研究这个领域的学者人数急剧减少。一些数学同仁告诉我，学术圈内竟然传出了“最好不要再碰叶状结构理论”的议论。意思是我已经快要将这个领域“蚕食殆尽”了。甚至有朋友对我表示赞赏时，还特意用反话调侃道：“你简直快把这个分支彻底终结了。”于是，研究生们纷纷放弃叶状结构理论作为研究方向，而我自己也很快转向了其他领域。

但这一领域的研究者减少，绝不是因为其研究价值已经耗尽。事实上，这个分支依然存在许多有趣的问题，拓展的空间也依然广阔。

通过这一事件，我开始自我反省，找出了自己研究工作中的两个问题。

首先，我的论文通常以一种过于陈旧和晦涩的数学论文格式

① 叶状结构（foliation）是指在自然界及我们周围环境中，在各种类型的纹样中存在一种条纹状堆积的形态，例如山崖断面上的地层纹理、树叶的叶脉以及木材表面的木纹等。瑟斯顿博士认为，叶状结构理论就是对描绘在三维宇宙表面的条纹样式的研究。

呈现，令人生畏。我缺乏对自己所述理论之背景的详细说明（当时也没有充裕时间写这部分），导致论文变成“只有懂的人才看得懂”的状态。例如，有一篇论文的标题为“Godbillon-Vey不变量度量叶状结构的螺旋摆动程度”（*Godbillon-Vey invariant measures the helical wobble of a foliation*），这种表述对许多数学家来说既难以理解也难以接受。

其次，我误以为学术界热切期待“答案”的出现。我天真地认为，如果自己能够提出许多有力的证明成果，那一定是对其他数学家的极大帮助。但实际上，大家所追求的并不是答案本身，而是思考的过程。

与瑟斯顿博士有深厚交情，并曾邀请他到访日本东京工业大学的小岛定吉教授指出，这次几乎导致整个研究分支被废弃的事件，可能对瑟斯顿博士的数学研究态度产生了重大影响。

小岛教授认为：“对于敢于迎接一切挑战的瑟斯顿来说，这次经历或许是非常痛苦的。在20世纪70年代后期，他开始重视将三维流形、克莱因群和双曲几何这些原本相互独立的领域结合在一起的研究。他放缓了脚步，把精力投入到改善学术研究环境中。”

小岛教授还提到：“不断证明优秀的定理未必一定能推动数学的发展，反而在某些情况下可能会削弱其他学者的研究热情。这种认识或许促使瑟斯顿博士逐渐转变了想法，他开始意识到‘数学是一门在人与人的交流对话中得以存在的学问’。”

实际上，在20世纪70年代后期，瑟斯顿博士的研究态度确实发生了显著转变。他开始将更多精力投入到数学教育和与同行的交流之中，不再将重点放在撰写论文上。他在普林斯顿大学以“三维空间的几何与拓扑学”为主题开设的讲座，以其独特的讲解方式和简明易懂的内容广受好评。其讲义的复印件更是在全球范围内广泛传播。

到了20世纪90年代，作为美国国家数学科学研究所的主任，瑟斯顿博士经常热心前往各地初中和高中进行讲座，通过这些活动努力向公众推广拓扑学的魅力。

关于几何化猜想，瑟斯顿博士是因困难而放弃了证明，还是有意停止了研究？为了解答这个疑问，我们在采访的最后直接向他提出了问题。

记者：“许多数学家都疑惑，作为几何化猜想的提出者，为什么您没有坚持完成证明工作呢？”

瑟斯顿博士：“我尝试过努力证明它，但我所设想的方法最终都行不通。继续下去也看不到成功的希望。在这种情况下，我认为退出是更为明智的选择。毕竟，人生的目标并不只有一个。”

记者：“您是否舍弃了独自证明的执念，选择通过与其他数学家的交流来共同推进研究呢？”

瑟斯顿博士：“如今，许多数学家正在学习我曾经独自思考的内容，这不是很棒吗？有那么多人正在为几何化猜想和双曲几何等领域做出贡献，这些都是我曾经肩负的研究方向。理解我的理念的人越来越多，我不再像过去那样孤独。当你最初提出一个全新的想法时，孤独是无法避免的，这种感受让我铭刻在心。”

对于这个话题，瑟斯顿博士仅谈及此。

尽管他并未亲自完成几何化猜想的证明，但他始终致力于将“宇宙有八种形状”的理念普及到大众中去。他与弟子杰弗里·威克斯（Jeffrey Weeks）合作开发了一款名为“弯曲空间”（Curved Spaces）[①] 的计算机软件。

假设我们的宇宙是甜甜圈形状的，那么它会是什么样子？虽然我们无法从宇宙的外部观察其形状，但通过这款软件，我们可以虚拟体验在甜甜圈形状宇宙中高速旅行的感觉。

瑟斯顿博士解释道：“假设宇宙是甜甜圈形状的，那么你所在的空间性质将与现今大不相同。比如，你现在身处一个四方形的房间。在这样的宇宙中，这个房间的前墙会与后墙相连，左右两侧的墙壁也连接在一起，地板和天花板亦是如此。试着想象一下，当你看向房间的前方，并将视线延伸时，你的脑海中会看到房间的后方。从右侧的门走出，你会突然从左侧的门进入房间。通过这样的想象，你可以理解，这是一种在所有方向上彼此连接、无限循环的宇宙。这就是所谓的‘循环宇宙’，也是甜甜圈宇宙的真实形态。”

---

① “弯曲空间”的网址是 http://www.geometrygames.org/CurvedSpaces/。

这段说明又有些晦涩难懂。如果你感到有些混乱，不妨打开计算机，亲身体验一下“弯曲空间”这款软件。无论是否能完全理解其中的深意，至少可以切身体会到瑟斯顿博士那宏伟而奇妙的“魔术”。

专栏 3　为什么要用孔的数量来分类?

亨利・庞加莱在其著作《科学与方法》中写道："数学就是给予不同事情同一名称的一种技术。如果适当地改变叙述的语句，那么针对某个已知对象所进行的所有证明，就完全可以直接应用到许多新的对象上。认识到这一点，你就会发现数学是一项令人惊叹的技术。"

从某种意义上说，数学家的工作可以被描述为：在世界上千差万别的事物中找到它们的共同点，并为这些共性赋予一个名称，然后以巧妙的方式进行分类。

现在让我们回想一下，在拓扑学（位置分析学）的领域中，事物的形状是如何分类的。甜甜圈和茶杯由于都有一个孔，所以被归为同一类；勺子和球都没有孔，因此也属于同一类；而茶壶和没有镜片的眼镜框各有两个孔，所以也被视为同类型。

但是，为什么一开始要用"孔"的数量来分类呢？难道庞加莱只是对数孔的数量感兴趣？还是孔中隐藏着某些重要的秘密？

其实，这种分类方式的本质，是区分三维物体表面（也称二维流形）性质的一种方法。具体来说，可以将其划分为以下三种类型：像勺子和球体这样没有孔的物体，其表面总是向内弯曲，因此被称为二维球面（曲率 $\Omega > 0$）；甜甜圈这样的有一个孔的物体，其表面经过均匀拉平后呈平坦状态，因此被称为平面（曲率 $\Omega = 0$）；像双孔甜甜圈这样有两个或更多孔的物体，其表面是向外弯曲的（曲率 $\Omega < 0$）。

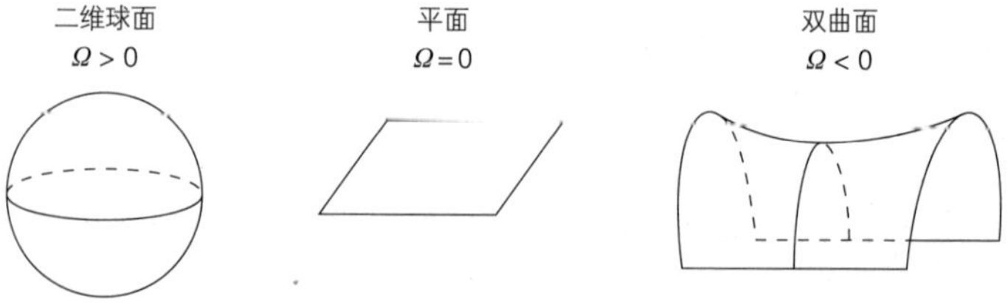

专栏图 3-1　三维物体表面的三种类型

换句话说，看似是在数孔的数量，实际上是在观察流形的“表面形状”。这种分类方法在数学上被称为“二维流形的分类”，并且早在 20 世纪初就已经完成。

庞加莱猜想的内容是：任一单连通的三维闭流形，都与三维球面同胚。实际上，这一猜想与“三维流形的分类”密切相关，而“三维流形的分类”正是将“二维流形的分类”推广到三维空间的结果。瑟斯顿博士巧妙地提出了这一“三维流形分类”的猜想，而佩雷尔曼后来成功证明了这一猜想。

换句话说，数学家们长期以来的梦想，与其说是探索“宇宙的形状”，不如说是追寻“三维流形的分类”。对于数学家而言，从这一角度出发，或许能够发现一个比宇宙本身更加广阔的世界。

第 7 章

20 世纪 90 年代
开启通往成功的大门

俄罗斯人在美国

1992 年，正值众多数学家投入到几何化猜想的证明中时，一位青年踏上了美国纽约的土地。从这一刻起，庞加莱猜想的研究迎来了漫长历史中的重大转折点。这位青年便是当时年仅 26 岁的格里戈里·佩雷尔曼。

促使佩雷尔曼远渡重洋来到美国的契机，是他的祖国苏联的解体。同年，从苏联流向全球的科学家人数达到约 2100 人，创下历史新高。长时间停滞的东西方数学家交流，因这场改变了世界历史进程的政治事件，得以重新启动。自此，双方的学术互动逐步走上正轨。

佩雷尔曼以研究员的身份来到纽约大学的柯朗数学科学研究所（CIMS）。他的研究领域是微分几何学，这一曾在数学主流中占据重要地位的学科，后来一度被“新数学”拓扑学所取代。

柯朗数学科学研究所当时汇聚了许多在微分几何学领域享有盛誉的数学家。其中，来自中国的田刚教授（现为普林斯顿大学教授）与初到美国的佩雷尔曼建立了深厚的友谊。他至今仍清晰地记得这位与众不同的俄罗斯数学家给他带来的鲜明印象。

图 7-1 刚抵达美国时的佩雷尔曼博士

“佩雷尔曼讲话风格简明直率，他对自己的研究领域有着深刻的理解。与大多数数学家不同的是，他对技术细节也了如指掌，这点实在令人钦佩。他的外表也非常特别，总是留着长长的胡子，指甲很少修剪，无论何时都穿着那件他钟爱的深色夹克。我认识的年轻研究员通常会把收入花在享受生活上，而佩雷尔曼对数学以外的事情似乎毫无兴趣。”

田刚教授比佩雷尔曼年长 8 岁，他们的研究领域都是微分几何学，但两个人彼此感兴趣的研究对象迥然不同。他们两人都是寡言少语的类型，却不可思议地意气相投。

“和佩雷尔曼闲谈时，他广博的知识总让我惊叹。比方说，他对世界历史如数家珍。还有一次，我们谈到俄罗斯频繁变动的政治局势，他也充满热情地分享了自己的见解。此外，我还了解到他酷爱音乐，尤其是歌剧和古典音乐。虽然纽约是一个欣赏这些艺术形式的绝佳城市，但我们竟然从未一起去听过音乐会，这一点让我颇为遗憾。

“让我比较诧异的是，他居然会为了买面包跑很远的路。他会特地从曼哈顿穿过布鲁克林桥，跑到布莱顿海滩的俄罗斯人聚集区，只为光顾那里的一家面包店。他甚至告诉我，有一次为了买一块黑面包，他步行了将近 40 公里，并对此乐在其中。他不仅对面包执着，对散步的热爱也超出了普通人[①]。”

图 7-2　田刚教授

① 许多数学家都非常喜欢散步。他们认为，与其待在研究室里，不如在行走中思考，这样反而能更专注于研究。日本东京大学曾有一个广为人知的故事：本乡校区曾计划拆除三四郎池，以更有效地利用土地资源。然而，当计划公布后，唯有数学系的教师们强烈反对，理由是这将剥夺他们的一个思考的场所。此外，前文提到的斯梅尔博士也喜欢在人来人往、伴有自然背景噪音的地方进行思考，例如海滩、车站、机场等。

田刚教授还告诉我们，佩雷尔曼不喜欢坐车，通常背着背包步行上班。不得已需要远行时，他会搭乘田刚教授的车。两人经常与同事杰夫·齐格（Jeff Cheeger）博士结伴，一起驱车约一小时前往普林斯顿高等研究院参加研讨会。

齐格博士比田刚教授年长一轮。早在佩雷尔曼还在俄罗斯时，齐格博士就注意到了他的卓越才华。齐格博士也是极力推荐佩雷尔曼前往纽约大学留学的关键人物之一。在采访中，齐格博士向我们分享了他对佩雷尔曼的了解。

“我和佩雷尔曼直接谈话后发现，他其实是一个非常谦虚温和的人。有一次，我猜测他一定参加过国际数学奥林匹克竞赛，就向他确认。他仅仅简短地回答‘是’，完全没有提到自己曾获得金牌的辉煌经历。

“另外，佩雷尔曼有着强壮的体魄和强韧的精神。他对自己认为重要的事情会倾注全部精力，不惜克服一切困难去实现。例如，他会走很远的路去买一块黑面包，这种看似怪异的行为，只因为他确信那家店的面包是最好吃的。”

在美国期间，佩雷尔曼在微分几何学领域不断取得突破。1994 年，他证明了困扰数学界三十多年的难题“灵魂猜想”（Soul Conjecture）①。他的这篇论文以仅仅 3 页的篇幅，简洁而优雅地解决了这一超级难题。

---

① 佩雷尔曼博士当时解决的“灵魂猜想”，是由杰夫·齐格博士与德国数学家德特勒夫·格罗莫尔（Detlef Gromoll）博士于 1972 年共同提出的。

佩雷尔曼对自己的论文充满自信。当时，齐格博士看过这篇极其简短的论文后，曾建议他“可以再补充一些内容，使论述更加详尽”。然而，佩雷尔曼很干脆地拒绝了这一建议。

回忆起当时的情景，齐格博士不禁苦笑着说道：“看着他那个样子，我就想起了电影《莫扎特传》（*Amadeus*）中的一个情景。剧中，莫扎特发布早期的歌剧作品时，身为音乐爱好者的皇帝评价道：‘音乐很美妙，但音符是不是多了点？’而莫扎特针锋相对地回答：‘那么请告诉我，哪一个音符是多余的？’他坚定地表示：‘我的作品中没有任何多余或缺少的音符。’和佩雷尔曼讨论修改论文，我的感受就像电影中被莫扎特反驳的皇帝一样。”

图 7-3　杰夫・齐格博士

在当时，佩雷尔曼这个名字在数学界已经有了一些影响力。他是微分几何学领域中“Alexandrov 空间”这一特殊分支的先驱研究者。日本东北大学的盐谷隆[1]教授也是该领域的顶尖学者，他为我们详细介绍了这个研究领域。

“用数学的方式来说，Alexandrov 空间指的是具有奇点[2]的特殊空间。对于我们这些几何学研究者而言，‘流形’才是研究的主流。但是，佩雷尔曼和我选择了非主流的方向，即研究那些因奇点的存在而坍缩、不再是流形的特殊空间。可以说，佩雷尔曼是这个领域的领军人物。”

Alexandrov 空间、奇点，这些词听起来非常晦涩。盐谷隆教授指出，从事这一领域研究的学者少之又少，甚至有人戏称它是“下等研究”。但事实上，这一领域的研究具有极其深远的意义。

“例如，我们现在要研究‘人类是什么’。但是人的类型多种多样、千差万别，有些人像计算机般理性聪明，有些人则如动物般感性野蛮。为了理解人类整体，其中的一种方法就是去研究这些‘极端类型的人类’。

“如果将流形的研究比作‘人类是什么’的研究，那么研究存在

---

① 盐谷隆教授和山口孝男教授在 2005 年发表的关于“坍缩理论”的论文，补充了佩雷尔曼博士对几何化猜想的证明的细节。这篇论文的内容被认为在证明过程中起到了关键性的重大作用。

② 在数学中，奇点是指在数学上无法定义的点，或者可以破坏某种性质、属于某种特殊集合的点。举例来说，我们可以定义当 $x=1$ 时，$1/x$ 的值为 1；当 $x=2$ 时，$1/x$ 的值为 1/2；当 $x=3$ 时，$1/x$ 的值是 1/3……但是，仅在 $x=0$ 的情况下，这个值变得无穷大，因而无法定义。在这种情况下，$x=0$ 就是奇点。在日常生活中，像铅笔尖或物体轮廓这样的特殊点，也可以被视为具有奇点的特性。

奇点的 Alexandrov 空间就好比研究‘计算机型’或‘动物型’的人类。这些极端情况的研究，对于理解流形的性质是非常重要的。”

当时，日本筑波大学的山口孝男教授与盐谷隆教授共同从事这一研究方向。山口教授在美国参加微分几何学学会时，曾与佩雷尔曼见过几次面。在山口教授的印象中，即便在夏天，佩雷尔曼也总是穿着一身黑，指甲较长，整个人看起来有些冷漠、难以接近。然而，当他主动与佩雷尔曼交谈时，对方却出乎意料地彬彬有礼，回应十分得体。

有一次，山口教授将自己刚发表的论文拿给佩雷尔曼看，佩雷尔曼立即发现了其中的错误，并提出了修改意见："我有一个想法，可以把这个地方改得更好一些。如果您不介意的话，我可以帮忙。"当山口教授反过来称赞佩雷尔曼的论文时，佩雷尔曼却谦虚地表示："这只是基于别人已有的想法做了一些延伸而已。"

"佩雷尔曼博士对数学的执着简直是坚韧不拔、毫无怨言，他就像是一个数学的殉道者。"山口教授这样评价佩雷尔曼。

佩雷尔曼的论文以简洁且难懂著称。山口教授曾表示，有时他读佩雷尔曼的论文，仅仅几行文字就需要花上整整一周的时间才能理解。然而，佩雷尔曼的论文内容总是非常可靠，以至于在微分几何学的学术圈里流传着一句话："佩雷尔曼永远不会错。"

不为人知的“转机”

来到美国三年以后，佩雷尔曼迎来了一个重大转机。

那时，佩雷尔曼逐渐将自己隔离在研究室内，不再与周围的人交流自己的研究进展。曾经开朗、活泼的他，突然变得沉默寡言，认识他的数学同行们都察觉到他似乎发生了某种变化。

当时，佩雷尔曼是靠奖学金留在加州大学伯克利分校的，随着奖学金期限的临近，他必须要做出选择：要么在美国寻找新职位，要么返回俄罗斯。那时，这位履历出色的俄罗斯青年数学家，得到了包括普林斯顿大学在内的多所顶尖高校的教职邀请。然而，出人意料的是，佩雷尔曼没有接受任何一个邀请。

斯坦福大学的雅科夫·叶利阿什贝格（Yakov Eliashberg）教授曾经热情地邀请佩雷尔曼前来执教。叶利阿什贝格教授与佩雷尔曼同为圣彼得堡人，且两人都在微分几何学领域有着深入的研究，因此教授对佩雷尔曼有着亲近感。

叶利阿什贝格教授首先根据学校的规定为佩雷尔曼找好了推荐人，并希望他提供一份简历，以便发送给推荐人。然而，佩雷尔曼的答复让叶利阿什贝格教授感到非常意外：“如果让了解我的研究的人来写推荐信，那我根本不需要提供简历。若是让不了解我的人写推荐信，那这封推荐信就毫无意义，根本不需要。”虽然这个回答在理论上说得通，但仍让教授感到出乎意料。

叶利阿什贝格教授告诉我们：“我试图向他解释，准备简历更为礼貌，也是程序上的惯例。我劝他不用太过坚持，但佩雷尔曼的答复还是那句‘我完全理解您的意思，但这些并不能说服我改变决定’。最后，我只好将他的意思传达给了学校委员会。委员会讨论的结果认为，像佩雷尔曼这样固执的人，已经超出了委员会的容忍范围。因此，我们的努力以失败告终。然而，他为什么要在这样一件小事上过于坚持，放弃了这么好的机会，至今我还是搞不明白。”

此时，还没有人能预料到，佩雷尔曼将把目光投向了如庞加莱猜想这一世纪难题。

田刚教授证实，佩雷尔曼在这一时期曾多次向几位数学家提问相同的问题。“我与佩雷尔曼讨论我的研究时，他问了我一个与里奇流（Ricci flow）方程相关的问题。他还问了好几次如何在 Alexandrov 空间中构建里奇流。我当时觉得很奇怪，为什么他会关注这一领域。”

实际上，正是在这个时期，数学领域的一篇论文在美国引发了学术界的广泛讨论。该论文的作者理查德·汉密尔顿（Richard Hamilton）提出，利用里奇流方程，有可能证明瑟斯顿的几何化猜想及庞加莱猜想。

里奇流方程是汉密尔顿在“全局分析学”（Global Analysis）[①]领域的研究成果之一，它被认为是将三维宇宙（或三维空间）形状变为球形的重要工具。然而，佩雷尔曼并不熟悉这个领域。正因为如此，田刚教授在被问到这方面的问题时才会感到有些困惑。

里奇流方程式在形上与物理学中的“热传导方程”（Heat equation，也称为热方程）非常相似。它的源头也可以追溯到物理学中的热传导方程。而佩雷尔曼博士在高中时期就很喜欢物理。

$$\frac{\partial}{\partial t}g_{ij}=-2R_{ij}\text{（里奇流方程）}$$

$$\frac{\partial u}{\partial t}=C^2\frac{\partial^2 u}{\partial x^2}\text{（热传导方程）}$$

“有一天我一定要去挑战一个谁也无法解决的难题。”佩雷尔曼在少年时期就立下了这样的志向，直到今天，这个符合他梦想的难题终于出现在眼前。佩雷尔曼意识到，如果能够巧妙地运用里奇流方程，他或许能够证明瑟斯顿的几何化猜想，甚至有可能解决庞加莱猜想。

1995 年，在美国仅待了三年后，佩雷尔曼选择回到俄罗斯。至今，关于他做出这一决定的真正原因，仍然无人知晓。

---

① 全局分析学是几何学中偏向使用数学分析方法的研究领域。数学分析（Analysis），是专门运用微分或者积分，研究实数与复数及其函数的数学分支。粗略来说，数学分析经常使用包含 x、y 的函数，以及微分、积分符号。从广义上讲，数学可以大致分为代数学、几何学以及数学分析三大领域。

在他回俄罗斯前夕，杰夫·齐格博士曾与他交流过一次，但那次对话中并没有涉及佩雷尔曼的研究内容。齐格博士回忆道：“佩雷尔曼问了我几个问题。我意识到他的研究兴趣发生了显著变化，于是问他：‘你不是对这个领域不感兴趣吗？’他答道：‘我有可能解决这个领域中的一个大难题。’”

离开了聚集着世界顶尖数学家的美国，放弃了高收入和安定的研究生活，佩雷尔曼回到了故乡，默默开始了挑战世纪难题的研究。对于任何一个数学家而言，这无疑是一个极为艰难的决定。

数学家米哈伊尔·古萨罗夫（Mikhail Goussarov）博士是佩雷尔曼的同乡，也是他数学研究上的前辈，他还记得佩雷尔曼不经意间说过的话。“记不得是什么时候了，我曾经对他说过，虽然挑战那些著名的难题很有吸引力，但越是艰难的问题，失败时带来的打击也越是巨大。佩雷尔曼听后，认真地对我说：‘我已经做好了可能一无所获的心理准备。’”

回到圣彼得堡后，佩雷尔曼在斯捷克洛夫数学研究所工作。他像是被某种力量吸引住了，日夜专注于自己的研究。那些在学生时期就与他相熟的同事们，看到他的这种变化也感到不解。有同事回忆道：“我们在研究所一起学习时，佩雷尔曼学长是个非常开朗的普通年轻人。我们常一起参加聚会、一起庆祝新年，放暑假时，他也和我们一起去集体农庄勤工俭学，和其他同学没什么不同。”

“但是，自他从美国回来后，简直就变了一个人，几乎不和人交流。我们也不能像过去那样和他聊天了。他不再和我们一起喝茶、讨论问题，甚至连节日也不再一起庆祝了。我们都感到很惊讶，因为他以前绝不是这样的人。”

除了研讨会等集体活动，佩雷尔曼逐渐很少出现在研究所。他尽量避开人际交往，专心致志地投入到庞加莱猜想的研究工作中。

世界七大数学难题

英国数学家 G.H. 哈代（G.H.Hardy）曾说过："物理学和化学领域中的真理会随着时代的进步而变化，但是数学的真理，无论是一千年前，还是一千年后，始终都不会改变。"

数学家们所追求的，并非是让他们的研究能够立即产生实用价值，而是期望他们发现的理论能够成为永恒的普遍性真理。然而，社会对数学的看法却一直在发生变化。

随着 21 世纪的到来，庞加莱猜想也迎来了新的时代。2000 年 5 月 25 日，美国各地的新闻头条都被同一条消息占据。《华盛顿邮报》的标题是"百万美金悬赏攻克数学难题"；《圣迭戈联合论坛报》的头条则是"挑战数学，赢得 700 万美元大奖！"。

这一切源于美国马萨诸塞州波士顿市的克雷数学研究所，在这一天发布了一个震撼的消息。他们宣布选定了七个数学界悬而未解的难题，作为"千禧年大奖难题"。解答其中任何一个问题的第一人，将获得 100 万美元的奖金。庞加莱猜想就在这七个问题之中。

千禧年大奖难题
P/NP 问题（P versus NP）
霍奇猜想（Hodge Conjecture）
庞加莱猜想（Poincaré Conjecture）
黎曼假设（Riemann Hypothesis）
杨－米尔斯存在性和质量缺口（Yang-Mills existence and mass gap）
纳维－斯托克斯存在性与光滑性（Navier-Stokes existence and smoothness）
伯奇和斯温纳顿－戴尔猜想（Birch and Swinnerton-Dyer Conjecture）

克雷数学研究所成立于 1998 年，是一个非营利性质的私营研究机构，旨在资助有潜力的数学家，推动数学研究的发展。该研究所组建了一个科学顾问委员会，成员包括阿瑟·贾菲（哈佛大学，数理物理学）、安德鲁·怀尔斯（普林斯顿大学，整数论）、阿兰·科纳（法国高等科学研究所，几何学）、爱德华·威滕（普林斯顿高等研究院，理论物理学）等活跃在现代数学与物理学前沿的学者们。科学顾问委员会依据以下几个标准挑选了七个难题作为千禧年大奖难题。

- 在很长时间里都未能解开的难题。
- 世界顶尖数学家们已经投入多年心血的传统数学问题。
- 该问题的解决被认为对数学的发展有深远且重要的影响。

这七个难题中包括黎曼假设（也称黎曼猜想）、P/NP 问题等，其中最早的可追溯至一百五十多年前，最晚的也已有三十年历史。庞加莱猜想之所以被选入其中，是因为它不仅引领了拓扑学这一新兴数学领域的兴起，还获得了学术界的高度评价。这七个难题是 20 世纪数学界未能解决的问题，被视为推动 21 世纪数学研究突破的关键。许多人认为如果这些问题不解决，那么数学的新纪元将无法开启。

这些难题曾在过去引发无数相关的轶事和传说，其中最著名的便是黎曼假设的故事。1997 年 4 月，普林斯顿高等研究院的数学家恩里科・邦别里（Enrico Bombieri）博士在写给朋友的邮件中提到，“一位年轻的物理学家突发奇想，想出了攻克黎曼假设的方法”，这则消息在数学界引起了极大的轰动。

在这里先简单介绍一下黎曼假设。这个理论研究的是素数的分布规律（素数是指如 2、3、5、7 等，除了 1 和自身以外不能被其他正整数整除的自然数）。这一理论与现代安全系统中必不可少的计算机密码密切相关。正因为其重要性，美国许多大型企业雇用了大量研究人员，并为该理论的证明投入了巨额资金。

邦别里博士在邮件中透露的信息震动了整个数学界，甚至引起了美国国家安全局的关注，并派遣了调查员去普林斯顿核实此事。然而，事实是那封邮件的落款日期是 4 月 1 日！原来，邦别里博士设计的这一切，竟只是一个精心策划的愚人节玩笑。

不过，也有很多人对这种以悬赏解决问题的方式持反对意见。

圣彼得堡斯捷克洛夫数学研究所的阿纳托利·韦尔希克（Anatoly Vershik）博士就是其中之一。韦尔希克博士曾是佩雷尔曼博士的同事，同时也是一位对数学研究保持坚定立场的学者。他认为，尽管在研究所时工资不高，但只要不被教学等“杂事”分心，能够将精力全部投入到研究中，自己就感到十分满足了。

对于克雷数学研究所的大奖，他表达了自己的看法：“我认为，针对被挑选出来的难题设置奖金的做法并不合适。年轻学者解开难题后，应该给予奖励，毫无疑问，这是理所当然的。与过去相比，现在应该给予更多奖励才是。但像这样，把一大笔奖金挂在他们面前，告诉他们必须解决这个问题，我认为这种方式并不是数学研究应有的正确态度。”

韦尔希克博士甚至专门发表了一篇论文来讨论“（千禧大奖）真的能够促进数学的进步吗？”下面节选了其中的一小段。

我专门去问了我的老朋友，也是克雷数学研究所的一位高层阿瑟·贾菲博士：“为什么你们坚持要做这件事呢？”…… 他给我的答复是：“你太不了解美国人的价值观了。在美国，如果政治家、商人还有家庭主妇都能了解研究数学也可以赚到100万美元的话，他们就不会再去阻止自己的孩子选择数学的道路了，也不会再固执地认为只有让孩子将来从事医生、律师等职业才能获得高收入了。”

针对这些反对的声音，克雷数学研究所内部是如何看待这个问题的呢？我们采访了该所现任所长、数学家詹姆斯·卡尔森（James

Carlson）博士。

记者："有些人反对用悬赏的方式引导大家去解决数学问题，您对此事是怎么看的？"

卡尔森博士："我知道在数学界，主流的看法是很难接受这种悬赏方式的。但事实上，这种方式对于激发年轻人对数学的兴趣是非常有效的。自从我们发布千禧年难题以来，越来越多的学生到我这里询问关于'×× 猜想的奖金'的问题。这也为我们提供了一个很好的机会，可以与更多的学生讨论数学话题。

"此外，悬赏也是一种非常有效的宣传手段。它能够吸引大众的注意力，让更多的人对数学产生兴趣。你不用花一分钱，就能让如此多的人了解千禧年难题，这不是很好吗？"

记者："难题得以解决时，真的值得支付 100 万美元吗？"

卡尔森博士："对于这个问题，可以以我们早就知道的毕达哥拉斯定理为例来思考，你应该能够得出答案。尽管毕达哥拉斯定理早在公元前 300 年就已经被证明，但当时的人肯定没有料到这个定理会在现代得到如此广泛的应用。无论是测量，还是用 GPS 计算地面两点之间的距离，这个定理都应用在其中。如果没有这个定理，现代社会也无法像今天这样运转。

"如果我们假设每次使用这个定理都要给毕达哥拉斯支付 1 美分，那么这个定理的价值肯定会远远超过 100 万美元。所以，从长远来看，千禧年大奖难题的价值显然要远高于 100 万美元。"

记者："那么这 100 万美元的奖金，会不会成为数学家们解决这些难题的首要动机?”

图 7-4 詹姆斯·卡尔森博士

卡尔森博士:“我认为不会。请允许我以一个数学家的身份来回答您。数学家挑战问题的动机，来源于对未知世界的憧憬。能够激发数学家兴趣的东西，和能够吸引孩子们兴趣的东西是一样的，那就是对探索未知事物的渴望。

“孩子们天生就渴望了解他们周围的世界，他们是与生俱来的科学家。而我们这些数学家，直白来说，其实也不过是长大后依然保持着这种好奇心罢了。数学家的好奇心，与那些发现南极、北极或者亚马孙的探险家的好奇心是一样的。现在，地球上尚未被开拓的地方越来越少，但在我们脑海中的智慧世界里，探索是没有边界的。

那里有无限多的未知等待我们去开发。”

在千禧年大奖难题发布的这一年，确实有几位数学家曾宣称他们已经解决了庞加莱猜想。不过，之后他们的论文中都被发现了错误，所以被撤回了。

百年一遇的奇迹

2002年秋，数学界发生了一件奇怪的事情，让数学家们纷纷议论起来。原来，有人在互联网上发布了关于几何化猜想和庞加莱猜想的证明。

不过，数学界时常有研究者声称自己已经证明了庞加莱猜想，每一次都会引起一阵轰动。换句话说，证明庞加莱猜想几乎已经成为数学圈里的常见之事。对于这篇发布在互联网上的论文，起初大部分数学家并未太过在意。

哥伦比亚大学的拓扑学专家约翰·摩根博士就是其中之一，他最初并没有关注这篇论文的内容。

“我最开始也觉得这篇论文不过是胡编乱造的。当我听到这个传言后，第二天就找到了这篇论文。光是看前言部分，难以判断这篇论文是否很严谨。于是，我直接翻到了最后一页，作者在最后写道：‘如果能将这种思路一般化，那么就能证明几何化猜想，从而也能证明庞加莱猜想。’读完这一段，我当时的想法是‘这类话我听得太多了，真是够了’。”

耶鲁大学的布鲁斯·克莱纳博士当时也正致力于几何化猜想的证明工作。当他看到这篇论文作者的名字时，他的心情一下子变得复杂了。

图 7-5　佩雷尔曼博士在互联网上公开发表的论文

“论文发布在互联网上的当天，我就读过了。我记得，当意识到宣称证明几何化猜想的人是佩雷尔曼时，我震惊不已。因为我知道他是个非常有才华的数学家，拥有广泛的知识和卓越的技能。但是，数学界最初对此仍然持怀疑态度。毕竟，迄今为止，有太多数学家曾声称自己证明了这个历史悠久的难题，但没有一个最终被证实是正确的。”

然而，有一位数学家从一开始就相信这个证明的正确性，他就是佩雷尔曼的好友田刚教授。当时，田教授已经离开纽约大学，转而在麻省理工学院担任了教授。田教授之所以知道这篇论文，是因为有一天，他收到了来自佩雷尔曼的一封邮件：

田先生：

我想告诉你一声，我在 ArXiv: math.DG / 0211159 上发布了论文。

摘要

本文提出了一个里奇流的单调表达式，它在所有维度上都成立且无须曲率假设。这也可以解释为某个典型集合的熵。

（中略）

本文还验证了与理查德·汉密尔顿的三维闭流形之瑟斯顿几何化猜想证明纲领相关的几个假设，使用先前关于局部曲率有下界时坍缩的结果，概述了对这一猜想的综合性证明。

格里沙·佩雷尔曼

这封邮件确实是佩雷尔曼亲自发给他的。田教授立刻打开指定的网站，阅读完论文后，便迅速回复了一封简短的邮件：

亲爱的格里沙：

我正在阅读你的论文，这篇论文很有意思。

你能否抽空来麻省理工学院，就这篇论文举办一次讲座？

田

收到田刚教授邀请他讲解论文内容的邮件后，佩雷尔曼很快就接受了这个邀请。之后，普林斯顿大学、纽约大学和纽约州立大学石溪分校也向佩雷尔曼发出了类似的邀请，佩雷尔曼也确认将在这三所大学举行特别讲座，而这一切距离田教授发出邀请的邮件仅仅过了三天时间。

田教授告诉我们："我非常了解这个领域，更重要的是，我非常了解佩雷尔曼。我一眼就看出这绝对是一篇重要的论文，因为他是一个非常诚实的数学家。他沉默了这么久，肯定有着不同寻常的理由。"

尽管世界各地的数学家最初都在怀疑这篇论文的证明是否存在逻辑错误或者跳跃，但无论大家如何反复阅读，都没能在论文中发现明显的错误。更确切地说，研究者们连这篇论文的正误都无法准确地判断。

在佩雷尔曼于网上发布论文的第二年，也就是2003年的4月，数学界期盼已久的日子终于到来。佩雷尔曼将亲自在纽约举办讲座，这个消息迅速传遍了全世界。那一天，会场内座无虚席，挤满了致力于庞加莱猜想研究的数学家与拓扑学专家。不少人只能站着听，还有人干脆席地而坐。会场中也出现了一些对这个证明仍存疑虑的研究者，比如约翰·摩根博士、布鲁斯·克莱纳博士，以及柯朗数学研究所的杰夫·齐格博士。将自己半生奉献给庞加莱猜想研究的瓦伦丁·波埃纳鲁博士，也特地从遥远的巴黎赶来参加讲座。

当佩雷尔曼登上讲台时，全场响起雷鸣般的掌声，会场充满了激动与兴奋的气氛。讲台上那个留着长发和长指甲，身穿灰色西装，脚蹬运动鞋的人，正是那个曾说自己或许能解开难题，然后悄然离去的格里戈里·佩雷尔曼博士。

图 7-6 约翰·摩根博士

与通常学术会议的形式不同，佩雷尔曼没有使用任何演示文稿或资料。他拿起粉笔，转身面对巨大的黑板，没有任何草稿，直接开始了讲解。约翰·摩根博士至今仍对那次讲座的情景记忆犹新：

“他性格似乎有些内向，刚开始时显得有点紧张，也许是意识到自己成了众人瞩目的焦点。讲座一开始时，有位学生将一个小型录音机放在讲台上，开始录音。佩雷尔曼刚说了几句话就注意到了录音机，立刻询问：‘这是什么？’在听完学生的解释后，他脸色一沉，亲手关掉了录音机。”

实际上，在讲座前，佩雷尔曼就拜托田刚教授，拒绝媒体的任何采访。田刚教授回忆说，佩雷尔曼认为新闻媒体无法理解他的研究，他也对应付他们毫无兴趣。他只希望与真正懂得他研究的人交流。

图 7-7　佩雷尔曼博士亲自开的讲座

讲座的前半部分，佩雷尔曼郑重介绍了理查德·汉密尔顿教授的研究成果。他花了大概三十分钟不断强调：“这部分内容是汉密尔顿教授已经证明的。”随后，他终于说道：“在此之后，我是这样继续进行的。”讲座正式进入他的证明部分。

在现场，无论听众提出什么问题，他都能立刻做出回答。这不仅表明他对自己论文的内容了如指掌，也展现了他对里奇流方程和几何化猜想相关领域的深刻理解。然而，对于大多数听众来说，他所讲的那些内容并不好理解，让人倍感吃力。

让数学家们感到有些力不从心的，是佩雷尔曼的证明方式。他的方法与拓扑学研究者一百多年来的惯用方法完全不同。波埃纳鲁博士对庞加莱猜想的百年研究史了如指掌，但这一次，他也无能为力："拓扑学的专家们完全无法理解佩雷尔曼的讲解。他确实是在讲庞加莱猜想，但我们跟不上他的思路。"

约翰·摩根博士一直坚信拓扑学才是数学之王，并一直致力于该领域的研究。然而，在这次讲座中，他却注意到了一个令人震惊的事实。

"讽刺的是，佩雷尔曼的证明，使用的并不是拓扑学，而是微分几何学。"

拓扑学家们曾认为微分几何学已经过时，纷纷远离这个领域。但这一次，佩雷尔曼正是借助微分几何学的最新成果，解决了这项被视为拓扑学象征的世纪难题。

此外，佩雷尔曼的证明中频繁出现了"能量""熵""温度"等术语，表明他在解决这一难题时，还涉猎了热力学领域的相关理论。而热力学就是他在高中时期所热爱的物理学的一个分支。

对于一直坚信拓扑学是数学之王的研究者们而言，在庞加莱猜想的证明中出现微分几何学和热力学这件事，无疑是巨大的冲击。

波埃纳鲁博士形容道："这简直是噩梦。我一直所恐惧的情景，就是别人使用我完全不懂的方法证明了庞加莱猜想的那一刻。"

约翰·摩根博士描述出了大家的感受："许多数学家一直投入大量精力研究庞加莱猜想，当他们得知证明已经完成时，会感到非常沮丧；而当他们意识到证明过程中并没有使用拓扑学的方法时，这种沮丧会更深；最后，他们发现自己竟然完全理解不了这个证明，那简直就是万分沮丧了。拓扑学专家们的感受是这样的：'天啊，庞加莱猜想终于被证明了！可我竟然完全听不懂这个证明，谁来帮我解释一下……'"

除此之外，讲座中还有一件奇怪的事。那就是佩雷尔曼在整个讲座中从未明确声明他已经"证明"了这个世纪难题。

"佩雷尔曼确实完成了一项了不起的工作。但在是否证明了庞加莱猜想这一关键点上，他的言辞极为模糊。他从未明确表示自己已经解决了这个问题。"布鲁斯·克莱纳博士也证实了这一点。

大多数听众都极其关注佩雷尔曼是否会做出"宣言"。然而，整个讲座并没有什么令人眼前一亮的亮点，反而越来越偏向技术性的分析。随着时间的推移，听众逐渐减少，剩下的只有一群数学家。他们一边集中注意力听讲解，一边在记笔记。大家都清楚，讲座结束时，肯定不会像其他学术会议一样，最后有人站出来总结道："问题已经解决了。"

佩雷尔曼真的没有完成几何化猜想的证明吗？其实并非如此。只不过他的方式与传统不同，他以极其低调的方式在论文中表达了自己的成果。

布鲁斯·克莱纳博士提到，通常的数学论文会在正文中用加粗或斜体来突出“定理”或“几何化猜想”等关键词，以便强调其重要性。然而，佩雷尔曼并没有这样做。他只是简洁地在某段文章中提到了这一点。这或许是因为他并不希望因此获得过多的赞誉。尽管这种做法有些特别，但这并非我们最应关注的问题。

图7-8 布鲁斯·克莱纳博士

佩雷尔曼在美国的系列讲座取得了巨大成功。作为讲座的组织者，田刚教授在短短两个星期的时间里，针对证明中存在的疑问，逐一向佩雷尔曼求证。他们的讨论甚至比当年在纽约大学时更加深入。田教授最初的想法只是觉得佩雷尔曼在证明中使用的技术可能对自己的研究有帮助，却没想到这次交流会带来远超预期的影响。

在佩雷尔曼即将结束美国行程时，田刚教授邀请他共进午餐以及一起去散步。那天阳光明媚，天气非常好。两人沿着麻省理工学院旁的查尔斯河小道，慢慢走着。

田教授回忆道："我们穿过了哈佛桥，沿着河边走，一边聊数学，一边讨论他证明的问题和假设等。除了这些，我们还谈了一些家庭和俄罗斯的事情。那次散步非常愉快。"

在那次短暂的散步中，佩雷尔曼透露了许多令人惊讶的事实。他表示，自己在回到俄罗斯后不久，大约在 1996 年 2 月就已经找到了问题的突破口，并决定全身心投入到这个研究中。更令人震惊的是，他其实早在论文发表的两年前就已经解决了这个问题。也就说是，2000 年时，佩雷尔曼就已经完成了证明。但是因为他坚决不允许自己出一点儿错，所以一直等到完全确认证明无误后，他才正式发表了论文。

在散步的归途，佩雷尔曼向田刚教授提出了自己的一个愿望。他表示，希望能在一年半到两年的时间里，让全世界的数学家都能理解他的证明。他相信自己的证明是完全正确的，并希望能够得到广泛的认同。

尽管佩雷尔曼极度厌恶成为公众焦点，讨厌被过度赞扬，但对于自己在数学上的成就，他希望能够尽快获得世界的理解和认可。

对于田刚教授来说，作为完成如此伟大证明的数学家，佩雷尔曼的这一番话听起来有些过于谦虚了。自那时起，田教授花了将近三年的时间，专注于验证佩雷尔曼的论文。

破解世纪难题

2002年至2003年间，佩雷尔曼博士发表了三篇关于几何化猜想和庞加莱猜想的论文。这些论文与他以往的论文一样，既极为简洁又异常难懂。田刚教授和约翰·摩根、布鲁斯·克莱纳和约翰·洛特（John Lott），以及中国的两名数学家分别组成了三个两人团队，负责对这些论文进行详细验证。

约翰·摩根博士解释说，每个团队都由两位数学家组成，是因为佩雷尔曼的论文涵盖的内容横跨多个领域，难以由单一学科完全理解。他表示："田刚教授的研究更偏向数学分析，而我的方向则是拓扑学。为弥合这两者之间的鸿沟，我们自然而然地组成了一个团队。类似地，布鲁斯·克莱纳博士专攻拓扑学，而约翰·洛特博士则擅长微分几何学，他们也是基于这种互补关系形成了合作。"

然而，要顺利读通佩雷尔曼的证明，本身就是一项艰巨的任务。尽管他的论文遣词造句极为简洁，但文字常会省略他认为"理所当然"的部分解释。对于首次接触这些论文的研究者来说，这种省略使得证明的逻辑显得极为跳跃。摩根博士举例道："论文中常会出现诸如'通过简单的推导，可知A成为B'的描述。然而，对于许多人来说，A与B之间的联系并不直观。我们只能顺着他的思路，一步步地推敲其中的逻辑。”

佩雷尔曼所用的“从 A 到 B”的推导路径，不仅新颖，而且无法通过现有理论的组合直接理解。但一旦掌握了他的思路，就会发现这种路径是唯一可能的解决方法，甚至无法想象其他替代方案。“当意识到这一点时，我们就能确定，佩雷尔曼并非故意省略这些推导，而是经过严密的逻辑论证后才得出了这些结果。”摩根博士补充道。

摩根博士进一步解释说：“数学研究中最激动人心的瞬间，莫过于从不同的角度观察问题时，过去模糊的事物突然变得清晰的那一刻。这就像身处一片茂密的森林中，当站在一个理想的视角时，才能发现这些树木竟然按一定规律整齐排列。换个角度看，它们不过是杂乱无章的一片树林。而数学的本质就在于，从正确的角度切入后，瞬间便能清晰地看到其结构。对我而言，佩雷尔曼的论文中充满了这样的时刻。我无数次被它的美妙所震撼。”

摩根博士和田刚教授究竟在佩雷尔曼的证明中发现了什么样的美妙之处？现在就让我们追寻他们的足迹，进走进佩雷尔曼构筑的数学世界，探寻其中的奥秘。

瑟斯顿博士于 1981 年提出了“宇宙可以分解为八种基本几何结构”的猜想，然而，他并未提供实现这一分解的具体方法，即如何才能将复杂交错的宇宙形状切割成这些基本的几何结构。换句话说，虽然可以想象宇宙整体的形状像万花筒中的图像一样变幻莫测，而它可能由类似“玻璃片”的基本几何结构组成，但实际操作中如何提取这些基本结构却是个未解之谜。

即便能够将宇宙随意切分为若干碎片，我们仍无法判定这些碎片的具体形状。例如，把一块形状复杂的年糕（宇宙）掰成若干小块，这些年糕碎片（宇宙的基本几何结构）本身的形状依然复杂多变。究竟如何定义这些碎片的形状，这个问题依旧模糊不清。

为了解决这一问题，理查德·汉密尔顿博士提出了里奇流方程。

$$\frac{\partial}{\partial t} g_{ij} = -2R_{ij}\text{（里奇流方程）}$$

该方程提供了一种方法，可以将分割后的不规则宇宙形状逐渐转化为规则形状。

具体而言，这个方程意味着“通过对宇宙形状施加某种变化因素，并让时间 t 流逝，不规则的宇宙形状最终会变得规则”。汉密尔顿还指出，里奇流方程在本质上与物理学中的热传导方程相似。

$$\frac{\partial u}{\partial t} = C^2 \frac{\partial^2 u}{\partial x^2}\text{（热传导方程）}$$

热传导方程描述的是以下物理现象。当在房间中点燃火炉时，最初只有火炉周围变暖，而远离火炉的地方仍然寒冷。随着时间的推移，整个房间逐渐变得温暖。如果此时熄灭火炉，各处的温度将逐渐趋于均匀。也就是说，即使最初房间里各处的温度“凹凸不平”（温度存在差异），但最后也会逐渐成为均匀状态。

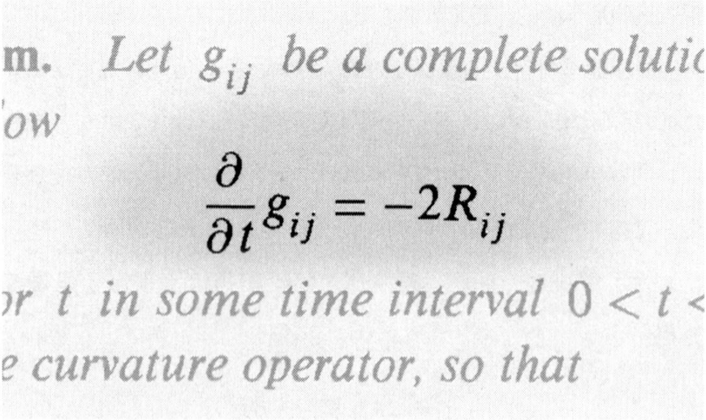
m. Let g_{ij} be a complete solutic
ow

$$\frac{\partial}{\partial t} g_{ij} = -2R_{ij}$$

or t in some time interval $0 < t <$
e curvature operator, so that

图 7-9　里奇流方程成为佩雷尔曼博士解开世纪难题的关键

如果将热传导方程中的“热量”替换为“形状”(曲率)，就得到了里奇流方程。这个方程描述的现象是：不规则的形状(凹凸不平)经过一段时间后逐渐变得规则和光滑。例如，用电烙铁加热一块锯齿状的焊锡时，无论起初焊锡的形状多么复杂，随着加热时间的推移，它都会变成一个光滑的圆球。类似地，用吸管吹出的肥皂泡，最初形状可能是凹凸不平、柔软不定的，但经过短暂时间后，泡泡最终会变成完美的球形。

大致来说，里奇流方程的作用就是像这样把形状上的“凹凸”之处抹平，使其成为规则的形状。

是否可以认为，汉密尔顿利用里奇流方程成功地将宇宙的碎片形状变为规则形状呢？事实并非如此。这个理论中存在一个极大的难点：当试图通过类似气泡变化的方式调整宇宙形状时，控制变化的过程是非常困难的。稍有不慎，形状就可能崩塌，就像气泡膜变得越来越薄，最终破裂一样。一旦崩塌，宇宙的形状将会像气泡一样消失，计算也随之无法继续。这种现象在数学中被称为“奇点的产生”。汉密尔顿的研究正是停滞在这个难点上。

那么，佩雷尔曼是如何克服这个难点的呢？

众所周知，佩雷尔曼在 Alexandrov 空间领域的研究卓有成效，是一位处理“奇点”问题的专家。面对这一挑战，他提出了一个令人耳目一新的思路：当气泡即将破裂时，可以让时间倒流回到过去。在他的计算框架中，即使时间回溯到过去，也不会对分析结果产生负面影响。这样一来，宇宙尚未崩塌时的状态就可以被捕捉并进一步分割为规则的几何形状。

具体而言，当气泡逐渐变薄直至破裂时，佩雷尔曼建议通过将这段过程的影像“倒带”到破裂的瞬间，并将破裂点（即奇点）无限放大，从而进行精确计算以避免破裂发生。为实现这一操作，他引入了一个全新的数学概念：“L 函数”。这个函数允许时间在过去和未来之间自由穿梭，从而使计算得以无缝衔接，并成功克服了奇点带来的障碍。

奇点研究曾长期被认为是“无用之学”，甚至被一些学者揶揄为“低级数学”。然而，这一领域的研究最终成为解决世纪难题的关键。庞加莱猜想作为拓扑学（位置分析学）的代表性难题，其证明过程令人叹为观止。首先，利用微分几何学的概念（里奇流方程）对部分问题进行分析；随后，引入物理学相关的概念以解决更多的复杂性；最终，这一难题得以圆满解决。那么，验证佩雷尔曼的论文的数学家们，又是如何评价这种方法的呢?

约翰·摩根博士认为:“佩雷尔曼的论文蕴含着惊人的力量。可以说，他就像一位顶尖的杂技师，能够同时抛起六到七个不同颜色的球，并且精确地轮流接住。论文中的每一个论述都需要极为复杂的考证。此外，只有明确每一部分论述之间的逻辑关系，才能完整理解他的证明过程。佩雷尔曼的专业领域是Alexandrov空间的研究，这也是俄罗斯数学家的传统强项。虽然这个领域属于微分几何学，与里奇流方程看似没有直接关联，但他在返回俄罗斯后的七年中，潜心研究了汉密尔顿使用数学分析的研究成果，并结合他对拓扑学近百年的发展的洞察，最终完成了庞加莱猜想的证明。”

布鲁斯·克莱纳则关注证明中不同领域思维的运用:“在我看来，佩雷尔曼的解法与数学分析中常见的偏微分方程的思路密切相关。但是，几何学家则认为他的解答展现了典型的几何学思维。此外，还有Alexandrov空间、比较几何学以及极限运算的相关讨论。这种多学科的融合令人印象深刻。特别是在论文的第七部分，佩雷尔曼引入了全新的L函数的概念，这一想法甚至可以追溯到某些物理学理论。”

从那次愉快的查尔斯河畔的散步过去整整两年之后，作为佩雷尔曼的好友，田刚教授终于能够确认，庞加莱猜想这个世纪难题确实已经被佩雷尔曼成功解决。于是他给佩雷尔曼写了一封这样的邮件。

亲爱的格里沙：

自从我们上次在波士顿一起散步，已经过去了很长时间。最近，我们终于在解读你关于几何化猜想的论文方面取得了一些进展。去年，我和学生们又从头到尾认真研读了你的论文，并与其他数学家们交换了意见。现在，我们终于可以确认，我们理解了你的论文，而且其中并没有发现任何问题。

还记得那年春天，我们在查尔斯河畔散步时，你曾对我说过："核实这些内容可能需要一年半的时间。"事实证明，你的预估非常准确。

（中略）

我想，你最近应该收到了来自世界各地的邀请吧。不过，我还是希望你能在不久的将来再来美国一趟。我非常期待再次和你深入讨论数学。

田

田刚教授表示，他相信佩雷尔曼应该收到了这封邮件，但遗憾的是，他并未收到任何回复。

为什么是佩雷尔曼?

无论宇宙的形状如何，它最多都由八种标准几何结构组成——这便是瑟斯顿的几何化猜想。如果将一根绳子绕宇宙一圈后能完全收回，则说明宇宙是球形的——这便是庞加莱猜想。佩雷尔曼的研究在证明几何化猜想的同时，也自然证明了作为几何化猜想特例的庞加莱猜想。

1904 年，被誉为“20 世纪的知识巨人”的庞加莱提出了这一猜想。之后，正如他所预言的，这个猜想在接下来的百年间，将无数数学家引入了一个难以想象的未知领域。庞加莱猜想不仅改变了许多数学家的命运，也让人们更加深刻地认识到了数学这门学科的无穷奥妙。

这个世纪难题的证明，以一种谁也未曾预料的方式尘埃落定。然而，这也引发了一个自然的疑问：为什么是佩雷尔曼？为什么不是其他人，而是佩雷尔曼成为了解决这一世纪难题的人？其中的奥秘究竟是什么?

斯坦福大学的雅科夫・叶利阿什贝格博士曾邀请佩雷尔曼担任该校的教授，但被他拒绝了。叶利阿什贝格博士认为，佩雷尔曼的每一个选择都绝非偶然。他指出，佩雷尔曼当时拒绝斯坦福教授职位肯定是有自己的理由。再往前追溯，1992 年他决定来美国留学的初衷，显然也不仅仅是为了换个研究环境这么简单。

“我认为，佩雷尔曼拒绝所有邀请并执意返回俄罗斯，是因为他希望全身心投入纯粹的学术研究。大学教授的职位固然有吸引力，但教授的工作不仅包括指导学生，还伴随着许多烦琐的行政事务。如果他不想在数学以外的事情上分心，自然没有必要留在大学里。

“当时，像格罗莫夫博士、齐格博士以及汉密尔顿博士这些杰出的数学家都在纽约大学任职。我想，佩雷尔曼或许是因为意识到这些数学家可能是破解难题的关键人物，才决定来到美国的。此外，佩雷尔曼来到美国三年后，就已经积攒了足够在俄罗斯生活的储蓄。要知道，美国湾区，尤其是伯克利附近的生活成本非常高，一般拿奖学金的学生很难存下什么钱。然而，佩雷尔曼的生活方式极其简朴，不仅攒下了部分积蓄，还给在俄罗斯的家人寄了钱。因此，他来美国的两个主要目标都已经实现了。”

布鲁斯・克莱纳博士认为，这个世纪难题能够被攻克，其重要背景之一在于“终于发展出了一种可以应用于庞加莱猜想的数学技术”。同时，他也强调，佩雷尔曼是一个极为罕见的“全能型选手”，能够掌握数学中多个分支领域的知识，这也是成功的关键因素之一。

“在数学领域中，很极少有人能在两个以上的领域中做出重要贡献。这不仅是因为需要花费大量时间，更因为学习新的数学分支需要从头开始建立适用于该领域的全新思维方式。

“如果将佩雷尔曼放在体育领域，他就像是一个能够在撑竿跳高、百米赛跑、跳远以及铅球等多个项目中都拿下金牌的田径选手。然而，这些项目各自需要不同的肌肉力量、心理状态以及训练方法。例如，举重运动员为了能举起重物必须发展特定的肌肉力量，但这种训练与马拉松选手的要求截然不同。同样，在数学研究中，能够像佩雷尔曼这样掌握多个差异巨大的领域并达到极高水平的数学家，实属凤毛麟角。”

法国高等科学研究所的米哈伊尔·格罗莫夫（Mikheal Gromov）博士则指出，要想合理解释为何百年来只有佩雷尔曼成功解决这一难题并不容易，因为可供参考的历史数据太少。

“要解释这场百年一遇的奇迹确实很困难。我认为，佩雷尔曼的成功可能在于他能忍受孤独。数学研究是一项孤独的事业，它要求数学家在日常生活的同时，全身心投入到令人目眩神迷的数学世界中。这种状态会将人的内在撕裂成两半，是一种极其残酷的斗争。然而，佩雷尔曼忍受了这种孤独，最终走到了胜利的彼岸。”

在格罗莫夫博士看来，证明世纪难题与拒绝菲尔兹奖之间其实是一体两面的关系。“佩雷尔曼通过极端的自我克制，彻底摒弃了所有不必要的事物，与社会隔绝，全心专注于解决问题。这种纯粹的心性支撑他度过了长达七年的孤独研究，也让他拒绝了菲尔兹奖。当我们评价一个人的成就时，‘纯粹’是至关重要的品质。无论是在数学、艺术、科学还是其他领域，一旦出现堕落的念头，失败便已开始。我们的现代社会也是如此。如果没有一定程度的道德纯洁性，社会必然走向崩溃。同样，数学是一门高度依赖内心纯粹性的学科。如果一个人的内心崩坏了，那么数学上的成功也无从谈起。”

图 7-10　米哈伊尔·格罗莫夫博士

终章　永无止境的挑战

宇宙真正的形状

天文学家目前正利用最先进的观测卫星，尝试揭示宇宙的真实形状。通过佩雷尔曼博士的数学证明，所有可能的宇宙形状都已被明确。但究竟现实中的宇宙与这些预测形状中的哪一种相吻合，通过现有的观测手段还难以确认。

2001 年 6 月，美国国家航空航天局（NASA）戈达德航天中心成功发射了宇宙观测卫星 WMAP（威尔金森微波各向异性探测器）。这颗精确度极高的卫星旨在从多个角度探索宇宙的形态。WMAP 的任务是全天候测量宇宙微波背景辐射（CMB）的温度，这种辐射是宇宙大爆炸（Big Bang）遗留下的热辐射。

2003 年 2 月，NASA 发布了关于宇宙年龄和成分的最新观测结果，并公布了一张迄今为止最详细的“婴儿宇宙的照片”。这些数据逐步揭示了神秘宇宙的一部分面貌（此后的数据仍在更新，本书采用截至 2008 年 3 月的数据）。

- 宇宙的年龄大约为 137 亿岁。
- 宇宙的规模至少到达 780 亿光年以上。
- 宇宙约由 5% 的普通物质、23% 的暗物质（Dark Matter）以及

72% 的暗能量构成。

- 将 WMAP 观测到的数据应用于当前的宇宙模型理论，可以得出宇宙将持续膨胀下去的结论。

回到“宇宙的形状”这个问题。通常，我们用时空的曲率（即弯曲程度）来描述宇宙的形状。如果宇宙中的物质平均密度超过特定临界值（10^{-29}g/cm^3），曲率为正；若等于临界值，曲率为零；低于临界值则曲率为负。这三种曲率分别对应“闭合的宇宙”“平坦的宇宙”和“开放的宇宙”。

根据目前主流的宇宙膨胀理论（The Inflationary Universe Theory）预测，宇宙的曲率应该为零。WMAP 的观测结果验证了这一点，表明宇宙的局部曲率接近于零，即宇宙是“平坦的宇宙”。然而，这一结论仅适用于局部宇宙，并不能说明整个宇宙的总体形状。即使利用当今最先进的技术，我们所能观测到的，可能也只是浩瀚宇宙中的一小部分。

这个项目的负责人、得克萨斯大学教授查尔斯·本尼特（Charles Bennett）博士告诉我们：“我们能够观测到的宇宙范围是有限的。在天体物理学中，这被称为‘可观测宇宙’。根据迄今为止的观测数据，宇宙的年龄大约为 137 亿年。宇宙诞生初期发出的光，现在才刚刚抵达我们的观测点。比这更遥远的光线，仍在穿越宇宙的漫长旅途中。”

图 8-1　查尔斯·本尼特博士

过去，人类曾相信地球是平坦的。同样，如今我们站在浩瀚宇宙的边缘，在可观测的范围内，试图寻找能够揭示宇宙形状的线索。

孤高的天才

2007 年 7 月，我们再次来到了俄罗斯圣彼得堡。距离那场震惊世界的菲尔兹奖颁奖仪式已经过去将近一年，我们的采访之旅也终于接近尾声。

自从上次采访未果后，我们多次给佩雷尔曼博士寄去信件。从巴黎、普林斯顿到伯克利，每当我们接触到那些与博士一样投身于解答数学难题的数学家们，被他们的魅力深深吸引，或是感受到挑战难题的意义时，我们都会将这些感想写进信中，并表达希望在旅途的最后一程能够与他见面，哪怕只是一面之缘。

然而，正如我们所预料的那样，这些信件并未得到任何回复。

为了这次访问，我们寻求了一位能给予帮助的人——亚历山德拉·阿布拉莫夫先生。他是佩雷尔曼博士高中时期的恩师，自始至终关怀并支持这位天才学生。我们第一次来到俄罗斯时曾采访过阿布拉莫夫先生，他不仅理解我们希望通过采访传播数学魅力的初衷，还特意为我们写了一封推荐信，希望能帮助我们联系到佩雷尔曼博士。

当我们向他咨询时，阿布拉莫夫先生说："我也有必须与格里沙当面谈的事情。我想，这次我应该能够见到他。"

那个曾经性格开朗、才华横溢的学生，如今却与人疏离，将自己封闭在孤独的世界中。对于爱徒如今的状况，阿布拉莫夫先生也感到难以置信。

我们将采访佩雷尔曼博士的日期定在整个行程的最后一天。虽然之前所有的联络都是单方面的，但我们相信已经充分表达了自己的意图。如果这次仍无法成功，也只能接受现实——我们做好了这样的心理准备。

采访日当天的清晨，我们来到圣彼得堡的火车站接阿布拉莫夫先生。那是一个寒冷的早晨，每当列车到站时，车站内都会响起夸张的欢迎音乐。旅客们从车上下来的时候，呼出的白色气息让站台看起来像笼罩了一层薄雾。

清晨七点多，从莫斯科来的夜班列车终于抵达。阿布拉莫夫先生微微蜷缩着身子，嘴里衔着一根烟出现在我们面前。他的身影在我们眼中，就像是能敲开佩雷尔曼博士心扉的关键钥匙，让人感到十分可靠。

我们问他：“今天一定能见到佩雷尔曼博士吗？”

阿布拉莫夫先生微笑着说：“一定没问题的。”

随后，我们一起吃了早餐。在餐桌上，我们询问了他希望见到佩雷尔曼博士的理由。

“我非常担心他的现状。”他说，“所以想尝试一下，把他的世界与我们的世界重新连接起来。这不仅是可能的，而且对他来说是非常重要的。我了解他，作为一个关心他的人，我必须尽自己所能。他是个伟大的数学家，但我比他年长 20 岁，总觉得自己应该为他做点什么。”

阿布拉莫夫先生现在供职于莫斯科的教育委员会，负责新学校的筹建工作。他希望能邀请佩雷尔曼博士担任新学校的教师。毕竟，佩雷尔曼目前没有任何工作，也几乎与外界断绝联系。通过担任教师的职位，他可以重新与社会接触，这对他来说非常重要。

阿布拉莫夫先生也考虑了万一见不到佩雷尔曼的情况。他特意熬了一夜，写好了一封信，准备在无法当面交谈时托人转交给他。

“他的才华对我们的社会来说是一笔非常宝贵的财富。我想告诉他，不应该封闭自己，而应当用自己的才华为社会贡献力量。我引用了俄罗斯伟大的数学家科尔莫戈洛夫的一句话送给他：‘你是被高贵精神眷顾的人，希望你能真正地将其用到对社会有益的地方。’”

阿布拉莫夫先生这样说道。

上午十点左右，阿布拉莫夫先生给佩雷尔曼博士打了第一个电话，这是他经过多次尝试后好不容易找到的电话号码。然而，电话那边无人接听。他每隔一小时再拨一次，接连打了好几通，但依然没有回应。

渐渐地，他显得有些焦急，于是拨通了佩雷尔曼博士一位旧友的电话。

“你知道格里沙现在在哪儿吗？散步？……原来是这样，得等到傍晚啊。”

这个朋友告诉我们，佩雷尔曼博士可能是到森林里散步去了，白天估计是回不来了。

虽然不知道佩雷尔曼博士什么时候回来，但我们还是决定去他家附近等待。他与母亲同住的地方离他自己租住的公寓并不远。

在等待期间，阿布拉莫夫先生时而下车，抬头看向那间公寓的窗户。为了缓解内心的不安，他点了一支烟，似乎陷入了沉思。

大约五小时后，电话终于接通了。

“您好，是格里沙的妈妈吗？可以请格里沙接电话吗？”

接电话的是佩雷尔曼博士的母亲，我们顿时紧张起来，终于有机会直接和博士通话了。电话那边换了人，我们听到阿布拉莫夫先生说道：

“是格里沙吗？我是阿布拉莫夫。我就在你家附近，有些东西想交给你，当然，如果你感兴趣的话……是科尔莫戈洛夫和亚历山德罗夫的书信集，还有其他一些东西。什么？完全没兴趣吗……好的，我明白了。"

阿布拉莫夫先生原本开朗的声音逐渐低沉下来，脸上也似乎蒙上了一层阴影。

接着，阿布拉莫夫先生和佩雷尔曼博士聊了"工作中遇到的困难""失业那半年间的经历"等话题。

"格里沙，你不能就这样孤独地生活下去吧？……是，那当然可以，但是你迟早得找点事干吧，你应该在社会上找一份工作。

"我现在已经不知道该怎么和你说话了，总觉得沟通很困难。我不再勉强你接受我的建议了。那么，我们能聊聊数学教育领域的变化吗？这是个很重要的话题。……什么？你对这个也不感兴趣吗？好的，我明白了，真是遗憾。"

图 8-2　时过多年，阿布拉莫夫先生再次与佩雷尔曼博士直接交谈

在通话中，阿布拉莫夫先生多次摇头，看上去非常失落。他们到底在电话中谈了什么，我们当时听得不是很清楚，但他试图传达的话语，显然没有触动佩雷尔曼。

“就算我把书信集放进你的信箱里，你也可能会直接扔掉吧……如果我打扰了你的平静生活，请原谅。”

不知过了多久，阿布拉莫夫先生静静挂断了电话，接着马上摇头说道：“还是不行。”

“这对我来说是一场失败的沟通。我直到最近还对格里沙怀抱一丝期待，虽然不大。我尝试和他进行讨论，并试图让他重新关注现实社会。但他仿佛已经像历史上那些伟大的人物一样，所关注的是一个普通人遥不可及的世界。”

我们未曾想到，佩雷尔曼博士甚至拒绝了自己恩师的探访。阿布拉莫夫先生长叹一口气，下车点燃一支烟，努力整理思绪，对我们说道：

“他已经完全变成了和二十五年前截然不同的另一个人。我无法理解他现在的处境。他所生活的世界，似乎已经与我们所在的世界完全不同了。

“挑战庞加莱猜想是一场令我们难以想象的可怕考验。他独自闯过了这场考验，但代价是，他失去了某些重要的东西。”

最终，阿布拉莫夫先生将写给佩雷尔曼博士的信连同数学家们的书信集悄悄放进了他的信箱。而这些东西，佩雷尔曼博士可能永远也不会读。

对于这样一位解决世纪难题的数学家来说，人生中那些真正能称为喜悦的事情，或许已经远远超出我们普通人的想象。

永不停息的数学家们

除了庞加莱猜想以外，数学领域中还有六个被选出的世纪难题，等待 21 世纪的数学家们去破解。如今，无数数学家仍在为攻克这些难题而努力，他们的探索永无止境。

是什么驱使数学家们如此执着地挑战这些难题？这种挑战的体验又是怎样的？我们采访了几位数学家，想听听他们的看法。

据说瓦伦丁・波埃纳鲁博士年轻时，除了数学以外，还沉迷于登山这项随时可能危及生命的运动。他坦言："登山者与普通人不同，他们并不害怕葬身山野。对我来说，数学也一样。即便以生命为代价，我也在所不惜。世间其他事物与我深爱的数学相比都显得微不足道。一旦你品尝过数学真正的喜悦，就再也无法忘却那种感觉。"

米哈伊尔・格罗莫夫博士至今仍喜欢在巴黎复杂如迷宫的地铁线路间来回穿梭。他表示："数学的魅力在于解开谜题的那一瞬间所产生的兴奋。对孩子来说，世界上的一切似乎都是谜题。动一动手和脚就是奇妙的体验，品尝食物时会思考嘴里的味道究竟是什么。然而，大多数人在成长过程中逐渐失去了这种好奇心。如果没有完全丧失对这些谜题的兴趣，那这个人可能会成为宗教学家、艺术家，或者成为挑战难题的数学家。”

瑟斯顿博士则认为，成为数学家让他找到了真实的自我：“数学就像一场旅行，我们竭尽全力，只为目睹那些从未见过的风景。数学用神奇的力量，让我们眼前的世界更加丰富多彩，也缓缓揭开了这个世界的奥秘。”

斯坦福大学的雅科夫·叶利阿什贝格教授最近接到了从公众视野中消失了一段时间的佩雷尔曼博士的电话。他只是简短地请求教授帮忙转发寄给他的信件，但叶利阿什贝格教授抓住机会，邀请他访问美国。

“他问我访问的目的是什么，我告诉他有很多同行希望与他交流，我自己也很想与他谈谈。希望他能以轻松的心态过来，与其他数学家交流一下。”然而，佩雷尔曼的回答是：“不行，我现在有更重要的事情要做。”当教授追问是什么事情时，他却表示暂时无法透露。教授猜测，他可能在进行某项非凡的研究，但是否与数学相关还不得而知。他坚信，佩雷尔曼仍在挑战某个领域的难题。

在夏末，佩雷尔曼或许会再次走进圣彼得堡郊外的森林，尽情享受采蘑菇的乐趣。他拨开杂草，欣赏着散布在各处的小蘑菇。

数学界依然留有许多未解难题。在那个不为常人所知的世界中，数学家们仍在继续进行着一场持续数十年，甚至数百年的战斗。

后记

2006年9月14日，大约在佩雷尔曼拒绝接受菲尔兹奖一个月后，我在从东京开往京都的新干线列车上，听完了一场别开生面的数学专题讲座。讲师是东京工业大学的小岛定吉教授，他是拓扑学领域的专家。今年8月末在马德里举办的国际数学家大会上，京都大学荣休教授伊藤清获得了“高斯奖”。小岛教授正要去出席为此举办的纪念仪式，在我们的请求下，他允许了我们的随行采访。

我重新翻阅了那天采访时的笔记，看到了如下内容。

“佩雷尔曼→研究方向是黎曼几何，将这一方法引入庞加莱猜想是前所未有的做法”“物理学的思路……在证明的重要环节中运用了统计物理学”“拓扑学的方法……通过从一个空间映射到另一个空间，调查所有奇点的形状”，等等。

现在，我已经记不清当时小岛教授的讲解了，所以这些内容对我来说显得更加晦涩难懂。其实说起来，当时的我应该也完全被这些复杂的概念搞得一头雾水吧。

不过，有些小故事却让我无须翻看笔记依然记忆犹新。

小岛教授曾说：“如果你观察一场数学家的聚会，会发现他们与其他学术会议的人群截然不同。比如，在机械工程的学术会议上，与会者大多身穿西装、打着领带，签到时也是整整齐齐；物理学的学术会议则稍显随意，虽然不打领带，但通常还是会穿着外套；而在数学的学术会议上，几乎见不到有人打领带，甚至不少教授会像学生一样穿着牛仔裤。”

抵达京都大学后，小岛教授告诉我，他约了著名数学家深谷贤治教授见面，并问我是否想一同前往。据他介绍，深谷教授曾亲自见过佩雷尔曼博士。见面之前我感到有些紧张，但当深谷教授出现时，我发现他果然如小岛教授所说，穿着牛仔裤、背着一个双肩包。

深谷教授也是一家国际数学杂志的编辑，他对佩雷尔曼发表了自己的看法："佩雷尔曼总是写一些非常晦涩难懂的论文，从不考虑如何让读者更容易理解。他完全不在意是否有人看得懂，甚至有人形容他像是'外星人'。"

尽管庞加莱猜想看起来非常复杂难懂，但数学家们的独特个性和故事让我产生了浓厚的兴趣，于是我决定以此为主题展开采访。

然而，"敌人"却出人意料地从各处涌现。得知我们的采访计划后，许多人都皱着眉说道："这样的题材，能做成节目吗？"就连在美国、法国、俄罗斯等地协助我们的当地协调员，在初次接到我们的联系时，也显得十分消极，纷纷表示"我不懂数学啊""学生时期就不擅长数学"……

某国大使馆的签证官说的一句话，简直像是给我们的最后一击："你们要制作关于数学的节目？我以前可讨厌数学了。"

我这才惊觉，数学在普通人中间竟然如此不受欢迎，甚至被敬而远之。

庞加莱猜想历经百年的解题之路充满魅力，但无论我们如何努力地向人们解释，还是总会听到"好像懂了，但又不太明白"这样的反馈（当然也有可能是我们自身的理解本就不够深入）。即便有人真正理解了其中的趣味，他们最终还是会提出那个让我们最头疼的问题："解决这样的数学难题到底有什么用呢？"在整个采访与外景拍摄过程中，这个问题始终困扰着我们的摄制组。

此外，我们还发现了一个意想不到的"强敌"，那就是数学家本身。尽管每位协助我们的数学家都竭尽所能，用通俗易懂的方式为我们解读专业理论，但我们能理解的大约只有 90%。为了搞清楚每一个问题，我们不得不多次重复一些最基础的问题，还经常恳请教授们："能不能打个比方呢？"即便如此，对于尚未掌握"数学语"（详见本书第 90 页）的我们来说，理解这些内容依旧困难重重。有一位数学家甚至彬彬有礼地发来邮件直白地表示："对我来说，向非专业人士解释佩雷尔曼的工作是非常困难的事情。"

每次采访完数学家以后，我和摄影师之间都会有下面这样的对话。

"刚才的内容都拍下来了吗？"（其实很多我都没听懂）

“嗯，应该拍下来了。”

虽然外界不看好，再加上种种困难，但数学家们对庞加莱猜想投入的那份热情，以及数学本身那种神秘的魅力，激励着我们坚持完成这段艰难的采访旅程。

我们的第一位指导是东京工业大学荣休教授本间龙雄先生，他为我们详细解读了庞加莱猜想。作为日本低维拓扑学研究的先驱，本间教授在20世纪50年代曾赴普林斯顿高等研究院任职，并结识了帕帕基里亚科普洛斯（帕帕）博士。他谈起帕帕时说道：“他是个非常温和的人。他常常质疑为何数学定理要冠以人的名字。他觉得‘某某定理’听起来像是这个定理是某人专有的，这与数学的美学背道而驰。”

事实上，本间教授早于帕帕完成了关于德恩引理的论文，但论文仅在日本国内期刊发表，未能获得国际发表的机会。对于佩雷尔曼的成就，他评价道：“佩雷尔曼确实证明了庞加莱猜想，但我觉得如果不用拓扑学的方法来证明，就难称完美。”如今，已逾80岁高龄的本间教授依然每天花数小时专注于庞加莱猜想的相关研究。他说，数学研究只需要笔和纸，他可以终身不倦地探索下去。

在采访中，东京工业大学的小岛定吉教授给予了我们巨大帮助。他不仅向我们介绍了斯梅尔博士和瑟斯顿博士，还耐心回答了我们关于数学的所有疑问，无论这些问题多么琐碎。在CG制作方面，他也提供了宝贵建议，帮助我们首次以独特的概念图展示“三维宇宙的形状”。

有一次，在碰头会上我们提问：“如果我们给要采访的数学家出这样一个几何问题（如何求四边形的面积），他们会如何反应呢？”没想到教授自己一下子被这个问题吸引，陷入沉思，直到我们散会时仍一言不发。后来我回到家，竟收到教授发来的邮件，他说：“刚才的问题，我终于在 ×× 车站解出来了。”这一细节让我们深刻地感受到数学家们那种令人敬佩的执着精神。

此外，日本横滨国立大学的根上生也教授以一句“这很简单呀!”的口头禅成为我们团队的强大支柱。每当我们因为拓扑学的高难度而感到沮丧时，他都会用各种生动的比喻反复为我们讲解，并激励我们鼓起斗志，继续迎接挑战。

正如这篇后记中所提到的，在整个海外拍摄过程中，我们得到了无数的鼓励与支持。虽然大多数接受采访的数学家们都在大学中担任着重要职务，忙碌不已，但他们依然对我们此次关于庞加莱猜想的采访给予了发自内心的支持和欢迎。

数学家们将自己的一生奉献给了数学。然而，他们并非人们所想象的那种远离尘世的“天才”。我们深刻感受到，为了能够持续从事自己所热爱的事业，他们在世俗的干扰中制定了属于自己的行为准则，并通过持之以恒的努力严格遵守这些准则。尽管我们对数学理论的理解还远远不够，但数学家们那种执着的热情和数学本身的独特魅力，却强烈地感染了我们。

“解决这样的数学难题到底有什么用呢?”关于这个终极问题，我们找到的一个答案是：数学之所以有趣，正是因为它难以被理解。——虽然这听起来有些狂妄。

通过已经播出的节目以及这本书，我们希望即便是那些对数学怀有恐惧，甚至是讨厌数学的朋友们，也能够在观看或阅读的过程中感受到数学这一奇妙世界的魅力。如果能为大家创造这样的体验，我们就已经心满意足了。

最后，我想向格里戈里·佩雷尔曼博士表达最深切的谢意。正是因为他的伟大成就，我们才有机会开展这次采访之旅。同时，也要感谢所有接受我们采访的数学家和物理学家，正是他们的热情指导和宝贵建议，让我们的节目和本书内容变得更加充实与可靠。毕竟，数学对我们而言是完全陌生的领域，书中或许仍存在逻辑不够严谨或解释尚显不足之处。希望各位读者能够提出批评和建议，以帮助我们改进。

此外，我还要特别感谢制片人井手真也先生，他与我们共同搭建了节目框架，使这次自由的采访得以顺利进行；感谢制片人三浦尚先生，他常说“我可不懂这些”，但正是这种立足普通人的视角，为我们提供了许多客观且中肯的建议。摄影师堀内一路、后期人员仓田裕史、伊达吉克，以及节目组所有的工作人员也功不可没，正是他们的辛勤付出，才使得这个不可思议的数学世界得以通过影像生动地呈现给观众。

最后，我想向本书的编辑小湊雅彦先生表达歉意，非常抱歉拖延至今才交稿。

春日真人

2008年6月

参考文献

[1] Robert Osserman 著，乡田直辉译 . 宇宙的几何 [M] . 日本：翔泳社，1995.

[2] Henri Poincaré 著，吉田洋一译 . 科学和方法 [M]. 日本：岩波书店，1953.

[3] 本间龙雄 . 通往位置空间之路 [M]. 日本：讲谈社 Bluebacks 书系，1971.

[4] 根上生也 . 拓扑化宇宙 [M]. 日本：日本评论社，1993.

[5] Robin Wilson 著，茂木健一郎译 . 四色问题 [M]. 日本：新潮社，2004.

[6] 前田惠一 . 宇宙的拓扑学 [M]. 日本：岩波书店，1991.

[7] 深谷贤治 . 数学家的视野 [M]. 日本：岩波书店，1996.

[8] Henri Poincaré 著 , 齐藤利弥译 . 庞加莱拓扑学 [M]. 日本：朝仓书店，1996.

[9] 户田正人 . 三维拓扑的新进展 [M]. 日本：科学社 .2007.

[10] Marcus du Sautoy 著，富永星译 . 素数的音乐 [M]. 日本：新潮社 .2005.

播放记录
2007 年 10 月 22 日播放
NHK special
100 年の難問はなぜ解けたのか　天才数学者　失踪の謎

旁白　小仓久宽 上田早苗
配音　81 produce
采访协助　本间龙雄 小岛定吉 根上生也
Madrid Espacios Congresos
Six Flags Discovery Kingdom, Valle jo

资料提供　The Journal of Differential Geometry
Universite de Nancy 2 Archives Henri Poincare
The Daily Princetonian
American Mathematical Soiety
葛饰区乡土天文博物馆
映像提供　NASA and The Hubble Heritage Team
NASA AURA/STScl,Palomar Observatry,
UK Schmidt Telescope
Anglo-Australian Telescope Board, UK Particle
Physics and Astronomy
Reseach Council, DIGITAL SKY LLC
ESO, VLT
Gaumont Pathe archives
ICM 2006
TV Educativa UNED & EMILIO BUJALANCE
NTV Broadcasting Company
摄影　堀内一路
声音　阿部晃郎
照明　蛭川和贵 河西坚
映像技术　今野友贵
映像 Design　仓田裕史
CG 制作　伊达吉克 高畠和哉
插画　川端洗耳
映像合成　藤野和也
音响效果　佐佐木隆夫
统筹协调　Tracey Roberts 小杉美树
Origa Kopieba Nancy Good
难波素子 Izumi Sakamoto
编辑　森谷稔
导演　春日真人
制作统筹　井手真也 三浦尚

Mais cette question nous entraînerait trop loin
（这个问题必将引领我们到达那遥远的世界）

Poincaré Conjecture
（庞加莱猜想）